贰阅｜阅 爱 · 阅 美 好
ERYUE

让阅读走心

让阅历丰盛

你以为的爱情，
不过是暧昧

隼人◎著

国际文化出版公司
·北京·

图书在版编目（CIP）数据

你以为的爱情，不过是暧昧 / 隼人著 . — 北京：
国际文化出版公司 , 2022.9
ISBN 978-7-5125-1419-5

Ⅰ . ①你… Ⅱ . ①隼… Ⅲ . ①情感—通俗读物 Ⅳ .
① B842.6–49

中国版本图书馆 CIP 数据核字 (2022) 第 066624 号

北京市版权局著作权合同登记 图字 01-2022-3974

你以为的爱情，不过是暧昧

作　　者　隼　人
总 策 划　陈　宇
责任编辑　戴　婕
策划编辑　商金龙
特约编辑　卢倩倩
封面设计　新艺书文化
出版发行　国际文化出版公司
经　　销　全国新华书店
印　　刷　北京雁林吉兆印刷有限公司
开　　本　880 毫米 ×1230 毫米　 32 开
　　　　　　7 印张　　　　　　　145 千字
版　　次　2022 年 9 月第 1 版
　　　　　　2022 年 9 月第 1 次印刷
书　　号　ISBN 978-7-5125-1419-5
定　　价　56.00 元

国际文化出版公司
北京朝阳区东土城路乙 9 号　　邮编：100013
总编室：（010）64270995　　传真：（010）64270995
销售热线：（010）64271187
传真：（010）64271187- 800
E-mail：icpc@ 95777.sina.net

Contents | **目录**

2/

第二章

分不开

推荐序　快、狠、准，打醒梦中人

文◎ SKimmy

"问世间，情是何物，直教生死相许？……欢乐趣，离别苦，就中更有痴儿女。"

从文学家元好问写出《摸鱼儿·雁丘词》的金代，到七八百年后的现在，大家还在问同样的问题："爱到底是什么？""情这条路，到底该怎么走？"我也是行走在爱情之路上的一员，无意间邂逅了"暖男"心理师隼人（谭育麟）的这本书，发现他在解决爱的问题上，使用了非常独特的二分法。

隼人老师将爱的问题直接归纳为两大部分——"爱不了"与"分不开"。事实也确实如此。

"爱不了"的人，看着比翼双飞的情侣在街上秀恩爱，自己却是个"单身狗"，因无法品尝这份欢乐的滋味而郁闷烦恼。更令他们不爽的是，偶尔还会有一些以爱之名的"秃鹰"不请自来，飞进他们的生活，布下暧昧的陷阱，让他们陷入一场没有结果的游戏。

"分不开"的人，常会在一段关系里饱尝离别之苦，或时常处在离别的恐惧中。但是，天下无不散之筵席，分分合合本就是生命的常态。在爱里，无法面对分开、提得起放不下的人，最傻，也最辛苦。

从这两大类型延伸出去，爱的问题密密麻麻，这些都是我们当代人看不穿的烦恼。当然，古人也看不穿。不过，幸运的是，比起古人只能从诗词歌赋里窥得一些关于爱的玄机，我们有心理学、统计学等，更有其他系统的资源可以利用。

在这本书里，不管是遇到令人心碎的"伪恋人"、忽冷忽热的"玩家"、不爱就毁灭的"恐怖情人"，还是遇到慢性"洗脑"的爱意轰炸……这些常常在亲朋好友或我们自己的情路上出现的问题，到了隼人老师这里，都有了独树一帜、抚慰人心的崭新解释。

隼人老师曾经说过，恐惧是让人用来解决问题的，而不是用来逃避问题的。一个人在懵懵懂懂的时候，或多或少都在亲密关系中受过伤。它们也许是中学时代一场无疾而终的暗恋，也许是原生家庭里与父母不和谐的相处，也许是某些不仔细回想都已经忘记了的伤痛。尽管这些大大小小的事情在我们的生活中已经逐渐远去，却都在我们的心上留下了长短错落的伤痕，而有些伤痕并没有愈合。于是，在未来的日子里，哪怕稍微有所触碰，我们都会痛到落泪。这就是我们需要心理学的原因。

大家都怕疼，都不想经受痛苦，也就下意识地回避那些预感到可能会令自己产生痛苦的事。就像书里提到的，习惯暧昧的人，也许是害怕付出带来的痛苦；无法断舍离"备胎"身份的人，也许是不愿面对承认沉没成本后的痛苦。

然而，只要活着，只要跟他人接触，只要对人生满怀期待与梦想，痛苦就一定会发生。那不是因为命运是一个恶劣的玩笑，而是因为命运想帮助我们成长。就像在网络游戏中，要想升级，要想转职，要想越变越厉害，大家就一定要去打怪，花时间解锁任务。

当然，我们中途人概会被某个高等怪物击倒，生命值会归零，会喷装 ① 喷到一无所有。但最终任务完成，收获满满经验值的那一瞬间，我们会感觉一切都非常值得！

可能你会说："人生可不是网络游戏，我没办法在通过某个关卡失败之后，重新再解锁一次。"我一直都觉得，人生无法重来，是一件好事。正是人生的这个特性，让我们免受"无限鬼打墙"之苦。

或许会有超级喜欢玩游戏的朋友，可以待在家里一星期不出门，只为破解游戏的某一关卡。可大家能想象人生如果可以重来，有多可怕吗？一个人可能会花上 80 年时间，只为拯救 19 岁那年的一场单恋！好在这只是想象，并不会真的发生，我们也无须纠结。

面对人生某个关卡的失败，我们要做的事情是：好好厘清失败的原因，整理自己的负面情绪，然后放下负担继续前行，等待下一个关卡的到来，让前面学到的技能可以派上用场。

可能你又会说："玩游戏有攻略啊，人生有吗？我怎样知道我缺什么技能？"这你就问对了！游戏有攻略，人生当然也有啊！心理学工具书不就是吗？就拿隼人老师这本书来说，里面有 40 种大家在人生旅途里常常会遇到的情感困境，它就是陪伴你渡过难关，帮你补足尚在摸索阶段的恋爱技能的人生攻略。

隼人老师的作品涉及的攻略，真的只能用快、狠、准来形容。它既能带给我们一针见血、醍醐灌顶、超高效的阅读体验，又能在字里行间透露出一点温和包容的潇洒（可能是隼人老师本身的气场吧）。翻开书，

---

① 喷装，实际上是掉装备（道具）。在游戏中，一方被另一方击倒，败方拥有的各种用于武装自身的装备就会掉落，归胜方所有。

到处都是让我拍手叫好、点醒痴男怨女的金句。

比如，"一时的感动，无法支撑一世的爱情""不是不想谈感情，而是不想做承诺""认干妹妹，是为了满足自尊心"。

……

都说当局者迷，旁观者清，如果刚好你也是搞不懂爱情、搞不清楚暧昧的痴情男女中的一员，就让隼人老师从心理学的角度传授你人生攻略，帮你高效地分析问题，成功远离暧昧吧！

第一章

爱不了

诚实地问问自己：你是真心喜欢
这个人吗？在爱情当中，你想得到的
是什么？

第 1 种情感困境

喜欢一直暧昧的人，究竟在想什么？

暧昧期是制造亲密感的时期

恋爱最令人向往的，是初相识时大家互猜心意的过程。对方一天没表白，双方就一天未能确立彼此间的关系，这种雾里看花的感觉让人充满想象，兴奋又期待。这种关系就是我们熟悉的"暧昧"。

正因为不确定彼此的心意，不确定是否要进入恋人关系，所以大家都不愿做出承诺，也舍不得明确地拒绝对方，只好继续维持着这种模糊的状态。

然而，没有人喜欢一直被吊着胃口。通常，暧昧只会维持一段时间。当时机成熟，只要渐渐靠近的两人中有一方主动迈出第一步，率先表白，两个人通常就会顺理成章地变成恋人。

可是，偏偏有人只喜欢暧昧，不想与别人确定关系，只想最好永远停留在暧昧阶段。这是为什么呢？喜欢一直暧昧的人，到底在想什么？

持续暧昧的人，越亲密，反而越焦虑

其实，喜欢一直暧昧的人都是既需要亲密又害怕亲密的人。

他们很缺乏安全感，而这种安全感的缺失大多跟儿时得不到父母的爱直接相关。比如，父母由于工作忙碌，忽略了孩子的感受及对孩子的关爱。孩子虽然渴望得到父母的爱，但由于内心的期望一再落空，也渐渐习惯了失望。那份失望的感觉，就成了他们长大后缺乏安全感的原因。

他们需要亲密，渴求亲密，希望从恋爱中获取被爱的感觉。然而，由于他们往往受儿时害怕失望的心理阴影的影响，亲密对他们来说反而变成了一种焦虑。

暧昧期是制造亲密感的时期，暧昧期越久，亲密感越高。一旦到了临界点，通常情况下，暧昧的两人中便会有一人自然而然地表白，并且带领对方一起进入相恋、确定关系的阶段。但害怕亲密的人却在双方关系越见亲密的时候越抗拒，并且会采取逃避的方法来处理太过亲密的关系。他们之所以会有这样的表现，是因为怕太过亲密会使自己受到伤害，怕自己满足不了对方（安全感的缺失使得他们极度不自信）。

他们既不想也无法承受亲密关系所引发的一切负面情绪。既然如此，那不如不要开始。保持暧昧，让他们既能得到亲密感，又不用履行承诺，更没有压力。

害怕失去，造成无法自控的逃避

在很多人眼里，守一就是个玩世不恭的花花公子，身边女伴如走马灯，三个月就换一个。然而，守一在内心一直都渴望拥有一位固定、可靠的伴侣。其实，并不是他找不到，而是他不敢与暧昧对象发展长远关系，非常害怕失去。守一为什么会有这样的恐惧呢？这跟他儿时的生活大有关系。

守一是家中独子，父母都是忙碌的生意人，他们连每天回家跟儿子一起吃晚饭，都不是一件容易的事。起初，守一希望父母一星期有三天能和自己一起吃饭就好了，但实际上，就连三天也是奢望。随后，他调整了自己的期待，父母一星期起码有一天能和自己一起吃饭就可以，可是父母始终未遵守承诺。渐渐地，他不再提一起吃饭的事，也不再要求任何东西，因为没有希望，就不会失望。后来，他对伴侣也持同样的态度，觉得不投入过多感情，才能保护自己免受伤害。

有人会说，这是自私的行为。没错，"守一们"这样做，首先就是要保护自己，保护自己，远离情绪压力的困扰；其次，他们也想使自己避免出现失望的可能，这样才能保护自己脆弱的心灵。只是这种自私的行为其实伤了两颗心。他们被无法自控的逃避绑架，无法跟对方进行稳定的交往，他们暧昧的对象则觉得自己被"渣男"或"渣女"玩弄了感情。这类不欢而散的戏码，每天都在生活中的不同角落上演着。

克服内心的恐惧，而非逃避

无论是儿时阴影导致害怕亲密，还是受过往不愉快的恋爱经历影响而害怕谈恋爱，大家口中爱搞暧昧的男女，所害怕的跟每个人在恋爱初期的忧虑一样，只是他们无法克服内心的恐惧，被迫原地踏步，只能继续在暧昧的旋涡内盘旋。那么，要克服对恋爱的畏惧，应该做些什么呢？

首先，要重建自信。

害怕源于不安全感，不安全感则源于对自己的不信任。

不用羡慕别人可以放胆恋爱，其实你也可以。具体来说，就是你要大方、勇敢地面对自己的内心，将主导权握在自己手中。自信的人，可以从容地去面对关系中的各种不确定性，不容易放弃；会努力追求自己想要的结果，不轻易退缩。

长久陷于自卑心理困境的人，面对可能的恋情，会在被对方拒绝之前，就抢先自行离开，以免落得被推开的伤心下场。但事实上，你根本不能确定对方会不会拒绝，只是因为太没自信，才让自己一次又一次地错失了建立恋爱关系的机会。没有尽力便弃权，你甘心吗？

其次，要好好表达出自己的爱。

害怕恋爱还有一个重要原因，即担心自己在感情中付出太多却失望而回，担心"爱别人比爱自己多"。要调节这种心理，你就需要学习"施比受更有福"。

一段美好的关系需要双方都努力付出来维护。如果只有一方不停付出，另一方不停接收，最终就会让这段关系失衡。一个人若希望从对方身上得到爱，首先就要好好表达你对他的爱，这样对方才能以同样的方式来响应你。

在恋爱中，太计较得失及比较谁付出更多，只会错过享受恋爱乐趣的过程。不如不爱只是逃避的借口。也许，你以为这样可以全身而退，但是如此压抑情感，难道不是在伤害自己、伤害对方吗？

恐惧是让人用来面对问题，进而解决问题的，而不是用来逃避问题的。

❦

心理师的透视镜

总是卡在暧昧阶段的人，表面上故作潇洒地抽身离开，实际上是怕被拒绝、被推开，而选择自己先逃。这样做，也许会获得暂时的安全感，却也错过了深入建立关系的机会，反而是对自我的另一种伤害。

第 2 种情感困境

他其实是"伪恋人"？

他若喜欢你，不用你开始付出，便已经奔向你

王菲演唱的《暧昧》是我十分喜欢的一首歌。我喜欢它的原因十分简单——从歌词的描写到王菲的演绎，都充分表现出了暧昧的那一份无奈和唏嘘。

正如副歌的第一句"徘徊在似苦又甜之间，望不穿这暧昧的眼"提到的那样，暧昧真的令人又爱又恨，苦乐参半。对于单身男女来说，找到一个喜欢的人已经不容易，让对方也要对自己有感觉更是难上加难。可惜的是，有些人一旦投入爱河便难以抽身，根本分不清面前的对象是不是"伪恋人"。

爱情有很多种类，暧昧便是其中永远不开花也不结果的一种。面对晦暗不明的关系，被爱的一方可说是有恃无恐，"进可攻，退可守"，既能借由朋友的名义享受浓郁"友情"带来的好处，又不用负任何责任，更可以利用对方喜欢自己的这个优势，享有情人般的福利。

处在这种朋友和情人等多重身份重叠的关系中，到最后受到伤害的，就只有单方面付出爱的那一方。

试想：

假设对方也喜欢你，为什么这个人连拥抱你的勇气都没有？

他什么时候对你做过任何承诺？他是不敢，还是根本不愿意？

对方能有多爱你，或者根本是你一直领会错了？

"超级好朋友"是折磨人的地狱

又琳爱了士杰将近5年。面对又琳的追求，士杰无论在态度上，还是行为上，都表现得十分暧昧。他从来没有正面回应过，自己到底是接受，还是拒绝。即使又琳直接开口问他对自己的感觉，他也始终以一句"你觉得呢"将这个话题一带而过。

而在这将近5年的暧昧过程中，士杰却一直不停地结识新女伴，以单身的身份示人，试着与不同对象发展，找寻心目中的女神。又琳当然也知道，可是又没有权利阻止。每当士杰新恋情不顺利时，他便一脸坦然地回到又琳身边，向她诉苦，有时甚至向她咨询如何哄回新女友。他就这样以一个"伪恋人"的身份，从又琳身上获得心灵上的安慰和被爱的感觉。

他们两人一直约会，并不时结伴出游。每次见面，士杰都会牵又琳的手，有时还会跟她接吻。在旁人看来，两人根本就是一对热恋的情侣。然而，每当又琳想突破暧昧，确立恋爱关系，士杰就会以"想保持友谊,不想失去好友"为由拒绝。此外,他还在朋友、家人面前强调,他们两人只是"超级好朋友",要大家别误会,他仍然单身,有好女孩请帮他介绍。每回听他如此澄清,又琳便心碎一回。

一个人的心,到底可以承受多少次摧残、多少次无情的碾压,才会真正凉透?又琳忍受了这令人心碎的几年,整颗心已经伤痕累累,却始终得不到自己渴望的疼惜。就这样,她一直忍受、妥协,被"长期暧昧却得不到"的感情折磨着。士杰最终找到了一个更吸引他的女朋友,放弃了又琳这位"密友"。

想为付出的感情翻本,是典型的赌徒心态

因为与士杰的长时间暧昧,又琳产生了一种赌徒心态。一旦出现这种心态,当事人就会产生翻本的心理。

当人们面临一些模糊不清或不确定的状况时,大脑中处理矛盾的自我保护机制便会启动,使人们做出冻结、战斗或逃跑的反应。只是,不管是选择什么方式因应,在暧昧关系中付出爱的那一方,总会面临一种风险——他们常会产生错觉,以为自己既然付出了感情,便能够得到应有的回报;在情绪处理上,会因为自己委曲求全而产生不服气的感觉。嗜赌者身上也会出现类似的状况,他们认为自己既然赌了这么多局,输了这么多钱,不能就这样抽身离场。

这就是一种常见的翻本心理。无论旁人怎样劝导,一句也听不进去,就如你不可能说服赌徒轻易地收手离场一样,属于典型

的"当局者迷"。然而，越是想在感情上"翻本"，投入的"赌本"就越多，付出的感情就会如雪球般越滚越大。

其实，大家都知道，"赌本"多少与输赢根本没有关系。假使对方是喜欢你的，甚至爱上了你，哪怕你还未开始付出，他便已奔向你。

一时的感动，无法支撑一世的爱情

一直付出的一方会觉得自己花了那么多时间、心血和金钱等，不可能没有回报，尽管其内心常自我安慰"只求付出，不求回报"，但仍然奢望"总有一天能感动对方"。

可惜，感动只会是一时的。即使你终于做了一件能让对方感动的事，他若因这份感动而跟你在一起，那也不代表是爱情。一时的感动，并不足以支撑一段感情要长久走下去会遇到的各种挑战和风雨。当感动过后，如果对方还是没有爱上你，你就还是不能享受爱情带来的甜蜜。

没有看清眼前的状况，只是盲目地付出，必然会带来情场失意的结果。

给暧昧的双方：眼前这个人，是不是你想要的？

不管你是被爱的一方，还是付出感情的一方，都要好好地看清楚：眼前的这个人，是不是你想要的。只有两情相悦，才能享受暧昧带来的甜蜜；反之，只会带来苦果，没有建筑在两情相悦基础上的暧昧绝对不是什么恋爱的过渡。

正如赌博一样，有多少人能真真正正一次翻本？相反，输得倾家荡产、焦头烂额的，大有人在。

人生总会有一些遗憾存在，关键在于你怎样去面对。当渡过一个难关，再回头看时，你会发现，那段过往可能已经不值一提，因为失败与痛苦往往是成长的动力。

心理师的透视镜

他若喜欢你，不用你开始付出，便已经奔向你。面对"伪恋人"，即便你是付出比较多的一方，也不要试图为付出的感情"翻本"。请一定睁大眼睛，看清楚眼前这个人是不是你想要的。

第 3 种情感困境

付出爱的一方，怎样离开暧昧？

确认心意，直接开口是最好的方法

虽然暧昧初期是甜蜜的，让双方都心如鹿撞，幸福感满满，但如果暧昧期拖得太久，其中一方动心了，想再进一步，另一方却往后退而未确认彼此的关系，那么有意发展的一方就要深入思考一下，眼前这个人是否真心想与你交往。

如何才能知道对方的真心呢？最好的方法，当然是直接表白、询问啊！

不过，直接询问也要看时机。你起码要感觉到对方也有这方面的意思，表现得也很正面，此时双方关系只差一步就能变为恋人。若是如此，不妨鼓起勇气向对方表白，不要因为胆怯错过了机会，令自己日后后悔。假如对方拒绝，就是你该梦醒的时候，从此你就不用再为这段没有结果的暧昧关系苦恼了。

抽离暧昧，远离是最有效的方法

如果你不能接受对方拖拉的态度，不想再继续，又该怎样从这段暧昧关系中抽离呢？远离是最有效的方法。具体来说，可以采取以下两个步骤。

第一步，像分手一样，让他从你的生活中消失。

如果你怀疑对方不是真心与你交往，想要摆脱，首先要做的就是：让他从你的生活中消失。

在生活上，请避免再接触你的暧昧对象。如果对方是同事，那么请你除了办公时间及公事外，一律不要与他交流，减少双方互动的机会。

这个过程如分手一样，也须避免去你们曾经一起去过的地方，以免触景伤情。

第二步，转移注意力，让你对他的感觉逐渐淡去。

除了让暧昧对象从自己的生活中消失，你还需要把注意力转移到其他地方，比如工作、兴趣、运动，以及与其他朋友的社交活动，等等。这样一来，对方在你心中的形象及感觉就会渐渐淡化，自己也能逐渐从这段暧昧关系中抽离。

明知没希望却离不开，怎么办？

如果你明明知道自己没有希望，又感觉自己离不开暧昧的对象，该怎么办呢？要摆脱这个枷锁，只能靠你有意识地自救。具体来说，就是你需要为自己及对方的行为做客观的分析。

首先，看自己是否接受投入的一切都是无用功。

接受自己投入的一切都是无用功，说起来并不费力，然而能果决地做到这点的朋友并不多。明知远离是最有效的方法，偏偏怎样都做不到。为什么会出现这种情况呢？这是因为，我们虽然内心渴望脱离暧昧，但并不愿意放弃沉没成本。

什么是沉没成本呢？这是一个经济学的概念，意思是指已经付出且无法收回的成本。所谓沉没成本效应，就是即使明知没希望了，不会回本，也甘愿继续投资，意图让自己的付出合理化。因为你担心一旦接受"失败"这个事实，自己一直以来所付出的就完全白费了。

在两性关系里，投入的种种心思、精力、感情和爱，都是无法收回的成本，即沉没成本。我们宁可忍受痛苦也不愿从暧昧关系中抽离，同样是因为不想放弃自己对于这段感情付出的一切。就是这个想法，使得我们在明知是错的情况下仍然选择继续困在暧昧的旋涡中。

其次，看他实际做了什么，而不是听他甜言蜜语。

除了客观分析自己的行为，你还需要抛开对方的甜言蜜语。诸如"跟你在一起很快乐""我们如果一起去旅行，一定会玩得很开心"等，这些并不是客观事实，只是一种感觉，无法证明。隐藏在这些甜言蜜语背后的事实，则是他两个星期都没约你见面了。

你需要从这个事实出发去想一想：到底对方是否有意跟你发

展下去。他如果真的有意，又为何会这样不置可否，对你们俩的关系没有任何实质行动？

花点儿时间去厘清眼前的事实，评估双方的关系状态，才能免于让自己陷入不切实际的期待及幻想中。

不要让自己成为"备胎"

怎样做才能避免自己成为"备胎"呢？我们不妨从以下三个方面入手。

首先，从小事拒绝对方，看他的反应。

在暧昧关系中，我们或多或少会去迎合对方，满足对方的要求。要避免成为"备胎"，你可以试着找借口拒绝对方的小请求，看他的反应如何。如果他表现出不耐烦，甚至冷落你，那很明显，你就可以有足够的理由走出这段暧昧关系。因为一个喜欢你、在乎你的人，不会让你变得这样卑微，更不会只为满足自己的欲望而为难你。

其次，若继续来往，要坚持守住朋友的界限。

要判断自己是不是成了暧昧对象的"备胎"，你还可以采取与暧昧对象只以朋友方式往来的方式。许多暧昧中的人会像恋人般约会，甚至牵手、拥抱。这些已超越朋友关系的行为需要停止。当暧昧对象见你态度有变，他要是想进一步密切两人的关系，要是害怕失去你，你划出界限的做法，反而会激起他追求你及向你表白的勇气。

最后，具体写下他对你的态度，厘清事实。

雅如就是想弄清一段如雾里看花的暧昧关系，才前来向我咨询的。

雅如觉得对方忽冷忽热，捉摸不到对方的心思，却发现自己在这段关系中越陷越深，快要崩溃了。听了我的建议，她决定照方抓药，先是为自己设定了双方交往的界限，不让对方做超越朋友关系的行为，不再让他牵手，也不再对他有求必应。

对方察觉雅如这个变化后，起初很紧张地询问雅如，问她是不是不开心或者有心事。就算雅如拒绝了他的请求，他也说没关系，他自己去做便可。

然而，过了一个星期，他主动减少了与雅如联系的频率。原本他每天会发信息给她，并且时常有互动，但是如今即使雅如主动发信息，他也不是时时都有回复，有时会已读不回。最重要的是，他也没有再主动对雅如进行邀约。

这就是客观事实。

我请雅如在纸上列出了对方的种种表现。她写下来后，再仔细阅读了一遍，思考了两人之前的互动，结果发现，确实没有任何实质性的事情让她相信，对方是真心喜欢自己，有意与自己发展下去的。

对暧昧心软，就是对自己残忍。现实或许残酷，但是如果选择逃避，选择拖延，时间过得越久，痛苦的时间就越长，你也会更加离不开眼前的暧昧。若你已察觉不对劲，就应及早离场，不要留下来被对方利用，也不要变成对方的"备胎"。

心理师的透视镜

　　抽离暧昧，远离是最有效的方法。即便自己是付出爱的一方，也要擦亮眼睛，花点儿时间厘清双方交往的真相。如果察觉不对劲，就要及早离场，不要留下来被对方利用，也不要变成对方的"备胎"。

第 4 种情感困境

你们是床伴，还是恋人？

不是不想谈感情，而是不想做承诺

为什么现在有些人越来越追求纯粹的性关系呢？有些人甚至宣称不想谈感情，名正言顺地打着只想找床伴的旗号。归根结底，是因为人们不想做出承诺。美儿正是"约炮比约会容易"这个想法的受害者。

网络交友，先厘清彼此想要的关系

在好姐妹的极力鼓动下，美儿开始使用网络交友 App，一心希望可以通过这类平台找到一个优质的交往对象。不久，她便认识了阿伟。两个生活从来互不相干的人，因为网络的牵线走到了一起，从陌生到熟识，由互不了解到无所不谈。

她：期待遇见认真交往的对象。

抱着一份少女情怀的美儿，觉得在茫茫人海中认识了阿伟是上天的最大恩赐。就在相识差不多一个月后，两人十分自然地发生了性关系。单纯的美儿一心觉得，既然都把身体这份最大的礼物交予对方了，对方也一定会投桃报李，好好地爱惜自己。

遗憾的是，自此之后这段网恋就变成了一段以性去维系的关系，而阿伟对美儿的态度也一天比一天差，甚至可用"冷漠"来形容。

为什么会这样？难道阿伟是"渣男"吗？带着满脑子问号的美儿再也按捺不住，终于鼓起勇气，决定向阿伟问个明白。

她问阿伟，为什么自己把女生最珍贵的东西交给了他，他却对自己视若无睹，一点也不珍惜。

然而，美儿最后得到的只是一句潇洒的"合则来，不合则去"。

"你不要那么认真嘛！"阿伟对她说。

他：没有玩弄感情，因为根本没投入感情。

其实，阿伟是抱着"约炮比约会容易"的心态上网交友的。他并非玩弄感情，因为他根本没有投入感情。美儿究竟是丝毫没有察觉，还是不愿承认对方这个非常功利的交友目的呢？

二十几岁的阿伟正值打拼事业的阶段。他不是不想找一个长期稳定的伴侣，可出于现实的需要，他必须将大部分时间都投入工作中，根本没有多余的精力和时间去维系一段正式的关系。

在事业和爱情两者只能取其一的情况下，他只能暂时放下寻找长期稳定伴侣的想法，单纯地追求性爱。在他看来，一夜缠绵过后，各取所需，然后各自回到自己的生活，才是现阶段最好的选择。

"承诺"二字，对有些人来说实在太沉重了。他们觉得一旦陷入一段正式关系中，许多问题和责任便会随之而来。加上发展一段关系需要耗费不少时间和精力，而自己还有好多方面需要去拓展、去费心，就更难把爱情当作生活的中心。

在这个多元时代，我们需要的个人空间越来越多。无论是追求理想，还是只为了生活，我们都需要付出大部分时间，集中精力在工作上打拼，希望在艰难的经济形势下取得一点儿成就。就连休闲活动，也随着社会发展的触角更深、更广而变得越来越广泛。我们在发掘自己感兴趣的事物方面也比以前更加容易，也需要时间去发展这些兴趣。

所以，如果只是做床伴，双方就没有了感情上的包袱，一切似乎变得容易了许多，不需要去苦恼如何维系感情，或者如何分手。对某些人来说，确实是省去了许多精神上的负担。

另外，承诺也会延伸到付出。害怕付出，有可能是因为以往不愉快的感情经历使人对爱情失去了信心，怕自己在感情上倾尽真心后，却得不到被爱的回报，进而不想再承受失恋的痛楚。虽然一个人本来就有爱与被爱的需求，但是在衡量得失后，却产生了这样的结论：渴望有个伴，就是不想谈感情。

另一种模式：有利益关系的好友

有些人则是不想单纯只找床伴，还想有点儿心灵上的交流，可是又不想有承诺，不愿被感情捆绑，于是催生了另一种关系——friends with benefits，字面直译是有利益关系的好友，当中的"利益"就是指性关系。

这种关系与床伴关系有些区别，后者是基于性，前者却是基于友谊。

两人基本上是朋友，对彼此有了一定程度的了解，才再加上"利益"一环。他们感觉上像恋人，但实际上对感情并不忠诚，各自还是对外宣称自己是单身，仍在寻找对象。

他们的关系会包括性关系、友谊及浪漫的爱情。因为性在这种关系中就如纸杯蛋糕上的糖霜般，只是锦上添花，他们更需要的是一个可以一起玩乐的玩友、可以倾诉心事的好友、互动时可以充满着浪漫交流的密友。

可惜，这种关系难以维持长久。当其中一人认真了，逐渐爱上对方，开始忘了当初彼此不要承诺的基础，变得对于对方有所渴求，或者想进一步控制、占有时，这种关系就崩塌了。

其实，一段没有承诺的关系，原本就会导致激情和亲密感逐渐下降。换句话说，这种关系从一开始就没有长久存在的基础。

性凌驾于爱，是危险的变种天杀

人类是日久能生情的动物。人之所以被称作万物之灵，正是因为其拥有情感，懂得去爱。如果天真地以为不许下承诺，就能让自己免受情绪动荡之苦，那也未免想得太美好了。

说到底，无论是哪种模式的关系，如果单单是为了身体上的满足，而让性凌驾于爱情之上，以漫不经心的暧昧来取代爱情的承诺，这样的变种关系只会使人"引火自焚"，最后我们还是会陷入爱与被爱的矛盾挣扎中。

心理师的透视镜

在只有彼此的网络空间进行私密聊天，很容易使双方关系迅速升温，激发出"只有你和我"的亲密感。

但是，切记要先厘清双方对这段关系的期待，以免你的真诚换回的是令人心碎的绝情。

第 5 种情感困境

拒绝也会变成一种习惯？

隼人老师：

你好！

我喜欢上一个女孩。我们俩是大学同学，我比她大 1 岁，两个人认识半年左右了。我觉得大家很合得来，沟通方面也有来有往，她有时还会秒回我的信息。

但就是不知为何，我主动约了她好几次，都被她拒绝。本来以为她很忙，她却说不是，只是不喜欢和男生单独外出。

她这样回答，我实在是无语了。我应该怎样做？我还有机会吗？

瑞明

× 月 × 日

曾听一位前辈说过，世界上最远的距离是每天相见但又得不到。这种咫尺天涯的感觉，应该算是最难受的了。

就像写这封信来求助的瑞明，虽然每天都能与自己喜欢的人朝夕相见，可惜的是，"襄王有意，神女无心"，他只能被暧昧牵着鼻子走。

两人明明很聊得来，明明就好像"有什么"，偏偏彼此之间仿佛隔了一层透明的墙，却怎样也敲不开。瑞明遇到的状况，你觉得似曾相识吗？

她不是不想约会，而是不想和你约会

女孩的答案确实令人无语，但在我看来，这已是非常直接明显地拒绝了瑞明。

她的回答很明确，"不喜欢和男生单独外出"，而这就等于"我暂时不想谈恋爱"的意思。

不明白？再直接点，如果一个女生对你说她暂时不想谈恋爱，显然就是她身边还没有出现让她喜欢的人，既然没有心上人，那就是表明她对你没有意思，不想跟你谈恋爱。

俗话说，一理通，百理融。一个女孩嘴上说不喜欢与男生单独约会，意思也就是"不想和你约会"。

试想：你如果喜欢一个人，又怎么会不想多找机会接近对方呢？

如果你已经约了她几次，她却一直躲开、回避，那就说明你并不是她心中的那杯茶了。若你多次邀约被拒，现在可做的就是停止邀约，因为你短期内的密集邀约，已让她形成了一种惯性的拒绝。

短期内密集邀约，让她对你拒绝成了习惯

人的心态十分复杂，短期内被你邀约几次，她已将拒绝的反应变成本能了。就算你再约，她都会不假思索地拒绝你，而不会再去细想为何要拒绝。即使这期间你俩之间的关系有了什么变化，你做了什么吸引她的事，也会被她忽略。所以，必须先打破她对你的这种拒绝惯性，你才能重新得到机会。

想要打破这个惯性，你就要先对她进行冷处理：从现在开始，至少30天后再考虑约她吧。运用这段冷静期，慢慢地瓦解她大脑的惯性思维。你与她之间的互动还可以继续，只是不要再提约会。30天后，如果你觉得大家还是沟通愉快，那就再试试看吧。

当然，虽然无法跟她约会，但既然现在知道在你身上，她尚未找到喜欢的点，你就要让自己持续增值，再加强与她的沟通。让她慢慢地发现你的优点，多了解你一些，这样才能吸引她的注意。

如果再次邀约仍然不成功，那就可能真的是你领会错了，这个女孩并没有要跟你发展的念头。

以上是给男性朋友的意见。

男人的拒绝，通常会直接告知

如果相同的状况发生在女人身上，又该怎么处理呢？其实，以上的做法，女人照样可以运用。

只不过，女人较少遇到这种情况，因为男人的感觉比女人来得快，他比较容易动心。也就是说，一开始男人就很清楚，眼前的女生是不是自己喜欢的，很少别扭得连自己的心意也不知道。

男人遇上自己感兴趣的女生，通常都会像瑞明一样主动出击。如果收到心仪对象的主动邀约，也不会拒绝。如果拒绝，通常就是直接告知对方，他对她没感觉。

先冷静，才有办法正确判断

还有一种情况，无论是男人，还是女人，都可能遇到。具体表现就是，平日相处时对方对你表现出好感，跟你之间有点儿暧昧，然而当你以为彼此可以再进一步时，他却拒绝你的邀约。面对这样的回绝，你顿感晴天霹雳，心急如焚，迫不及待地想要知道原因。

但我要提醒你，越是心急，越要迫使自己冷静下来，否则是无法做出正确判断的。冷静之后，你再用心回想：对方所说的"拒绝"，是真心拒绝呢，还是一种手段。无论是前者，还是后者，都是有迹可循的。

若他是真心拒绝你，具体情形可参见上文。

若他是假意拒绝你，就会像钓鱼一样，趁鱼儿上钩时收线。不过，收线非常讲究时机。你如果希望双方能两情相悦，而不是让自己成为上钩的"鱼儿"，就要冷静观察对方的行为。比如，一直以来的相处，是不是只有你主动，只有你付出？对方在突然把情感一收一放，假意拒绝你的同时，是否仍然能从你身上得到好处？他是不是希望你为了得到他的感情而付出更多？

假如答案都是肯定的，那么他只是在玩暧昧游戏，并不是真的喜欢你。就算最后你直接告白，对方也只会向你道歉，说着"一切都只是误会""你领会错了"，他没有任何损失。

在一段感情开始时，试着多用点儿时间去看清楚对方吧。如果你心急到连这一点点的时间都不愿花、不愿等，只被眼前的花言巧语蒙蔽，那你日后被浪费的青春就只会更多。

❧ 心理师的透视镜

你越是心急，越要强迫自己慢下来。只有这样，才有办法冷静地观察及思考：对方所说的"拒绝"，是真心拒绝，还是在跟你玩一局暧昧的游戏。

第 6 种情感困境

你不说，他怎么会知道？

女人："你怎么会不知道？！"

许多女人常埋怨伴侣"不懂我"，就算在一起的日子不算短了，也不知道她们喜欢吃什么、玩什么，喜欢什么颜色等。朋友芳娜就向我抱怨过。

有一年，芳娜过生日，她希望在一家法国餐厅庆祝。生日当天，男友带她去的却是一家小小的西餐厅。她当下面色一沉，事后为此跟男友吵起来。

男友很委屈："我们平常不是就爱来这家餐厅吗？我以为你喜欢这里的食物，所以你过生日，我特地带你来这里庆祝啊！"

问题来了：芳娜有没有事前告知男友，她想去法国餐厅庆祝生日呢？

答案是否定的。

她的理由是："我跟他在一起都这么久了，他怎么会不知道我生日最想吃法国大餐啊？我平常都会分享法国餐厅美食评论的链接给他呀。他要是在意，就一定会知道我想去。现在这样就证明他没用心，不明白我的心啊！"

这个理由，你是否似曾相识？

你可能也曾经有过类似的想法吧（又或者相反，是类似想法的受害者）？以为自己平日给的暗示已足以让男人明白，不用直接讲出口。奈何，大部分男人都不会明白这样的暗示，他们可能只当这是一种开心分享、好物介绍，看完就算了。他们又怎么会想到，自己原来要把这些链接储存起来，抽丝剥茧地去找出你的谜底！

男人喜欢简单、直接，女人喜欢绕圈子

男人喜欢简单、直接的表达。

女人却喜欢绕圈子，说一半，留下一半让人猜。

"我没有生气。"——其实她快气炸了！

她把美食杂志翻到载有她心仪餐厅的那页，然后放在桌上，一心以为你会留意这个举动，然后下次约会带她去这家餐厅。

她生气时不发一言，背对着你，以为你知道她在气什么。她觉得自己生气的原因已经够明显了，你不会不懂。

她明明想吃芝士蛋糕，却只对你说："我想吃些小吃。"结果，你买了鸡蛋糕给她。

她一直以为"你什么都知道"，但原来"你什么都不知道"，然后她指责你根本不了解她！

"我不想吃法国菜。"——其实没那么简单！

男人会直接表达自己的喜恶，通常会明确地用"我想""我喜欢"来表示。比如，"我想吃日本菜""我喜欢去××餐厅"。

女人则以"我不想吃法国菜""我不喜欢去××"等否定形式来表达。她以为自己帮你收窄了选择范围，事实上却是留下海量的选择，让你去筛选。

如果男人想让你知道一些事情，他们会直接说出口。因为自尊心作祟，若以暗示的婉转形式表示，他们会觉得有点儿别扭，有失"男子气概"。

"没有啊，只是随便看看。"——其实她很喜欢！

对男人来说，如果真的有一样东西是自己很想得到的，大多就直接买回家了。每个男人内心多少有一定程度的大男子主义，觉得自己的事自己负责，那自己喜欢的东西，就自己买吧。

有时经过玩具店或4S店，男人会目不转睛地盯着心仪的玩具或汽车配件，就好像女人看到华衣美包一样。

当你问男人是否喜欢那个模型时，他会直言不讳。

然而，当你问女人是否喜欢那个包时，她有可能说："没有啊，只是随便看看。"是的，她已暗示自己是喜欢的了，她觉得你会看到她刚才是用依依不舍的眼神望着那个包的。

可是，男人在表达和理解这两方面，都是直线前进的。他可能会看出女人依依不舍的眼神，但因为他已开口直接询问，而女人也直接告知"没有啊"，他只会认为自己看错了，以为女人不喜欢。

千万别高估男人的理解能力，尤其在感情方面。

同样的情况，看到心仪玩具的男人就不擅长掩饰这份喜欢之情，喜恶的表达如同小朋友看到玩具时，开心、兴奋般直接。他会双眼发光，肯定地告诉你，他好喜欢这东西啊！

猜心，会猜成积怨

我们很喜欢让另一半去猜，有人觉得这是一种情趣，有人则恨不得对方拥有那种"假如你够爱我，就不用我说出口"的敏锐。可惜的是，有时纵然对方已用尽心思去猜，到头来还是猜错，或者没有猜对重点。

然而，这样的情况日积月累，你出的谜题越多，对方猜错的机会也越来越多，你便越觉得对方不了解你、不懂你，然后无意中产生积怨。双方沟通起来也就越来越难了。

你有没有给对方了解你的机会呢？

有人认为"只要对方够爱我，就应该很懂我"，但事实上，要别人读懂你，也得你先开放自己，让别人有读懂你的机会才行啊！

你要坦诚以待，直接告知对方自己内心的想法，才能让想了解你的人有机会懂你。别老是让人猜不透，看不穿。

沟通是增进了解的方法，但沟通永远都是双向的，而不是靠单向的猜。所以，在指责对方不懂你之前，该想想：你有没有给对方了解你的机会呢？要是你清楚地表达了，对方也不懂你，那才是对方的问题。

保持神秘感确实是有一定吸引力的，但一个人假使每件事都爱故弄玄虚，就可能让人望而却步了。

心理师的透视镜

你出的谜题越多，他猜错的机会也越来越多。你觉得他"变得不懂你"，他觉得你"变得难搞"。不满越积越多，你们的沟通也会渐渐走向死路一条。

第 7 种情感困境

过去的阴影伤了现在的感情，怎么办？

一个伤心女子的来信

过往不好的爱情经历若是没有处理好，造成无法触摸的阴影更深入记忆，可能为人心带来多大的影响、多大的伤害呢？

有一天，我的情感咨询信箱收到了一封来信。写信的人是个叫乙玲的女孩。她说，由于前一段恋情令她受伤太深，阴影缠扰不去，间接影响了新恋情的发展，这使她非常苦恼。以下是她来信的全文。

隼人老师：

你好！

我和现任男友在一起已经半年了，时间不算短，但可能是我在上一段感情中被劈腿的"渣男"伤过，所以对现在的男友常抱有怀疑的心态。我们每晚都会打电话聊天，话题从日常生活到将来的计划都有。只是每当我想再深入地谈我们之间的事，被前任伤害的记忆又会像梦魇一样无缘无故地出现。

比如前天，男友说要和朋友聚餐。就在当晚，看到他上传到社交网络的照片中有几个打扮性感的女生，我不禁生起气来。但我已分不清这是单纯的吃醋，还是不相信他。面对我的激烈反应，他费了很大的力气才把事情始末向我解释清楚，但我心里很明白，双方关系已有了一道伤痕。

扪心自问，我不是不愿意相信男人，但我真的很怕再被伤害。可能是我特别没有安全感，也可能是过去的情感经历留下的后遗症。我不想因为这样而让自己孤苦伶仃，你可以教教我怎么做吗？

乙玲

×月×日

乙玲的故事并非特例。曾经受过的伤，尤其是直锥入心的伤，是很难抹掉的。你以为伤口早已愈合，没想到一点点类似的情境就唤出了曾经的伤痛。所以，我特地写下这封长长的回信，写给每一个乙玲，写给鼓起勇气、决心要好好面对过往的你。

在爱情中，你想得到什么

乙玲：

你好！

谢谢你肯把自己的担心和忧虑与我分享。

你说你不想孤苦伶仃，你现在不是已经有男朋友了吗？如果在一段感情里，你仍然会感到孤单，那么你真应该让自己缓一缓，好好想一想：在爱情当中，你想得到的是什么。

这里所指的"得到"，不是物质方面的，而是心理、精神方面的。一段健全的感情可以让心灵变得富足。因为多了另一个人的支持和爱护，你会从中得到多一倍的心理支持。

相反，一段生了病的感情会让你本来就已千疮百孔的生活暴露得更加彻底。这面"照妖镜"会时时刻刻提醒着你，你的生活多么孤独，虽然口中还说着相爱，但两人却貌合神离。

以你的情况来看，原本另一半应该代表着交托和信任，还有互相扶持成长，但你现在只看到这个小小的缺口——单单一张照片——就使你对另一半的信心出现了一道小裂痕。你的担忧会使这裂痕慢慢扩大。直到有一天，代表信任的堤坝溃堤，你因为对另一半完全失去信心，觉得他是个花心萝卜，从而断送了一段大好姻缘。

没错，吃醋永远是女人的专利，但即便是吃干醋也得有个依据吧？不要一下子把莫须有的罪名推到他的身上。情侣之间吵架本是十分平常的事情，既然他愿意花心思去解释，说明他是真心待你的，愿意对你敞开心扉。

事情有正反两面，重点是你的看法。

虽然你说你们俩的感情上已有一道伤痕，但在我眼中，你们的感情未必无药可救。

就像很多人一样，你在感情上遇到的主要阻力是因对另一半缺乏信任而没有安全感。既然知道问题所在，一切就变得容易了。

首先，我明白你被前任伤害过，这会使你对人性失去信心，但我们也不能"一朝被蛇咬，十年怕井绳"。要试着走出前任带来的阴影。而要走出这个阴影，就只有靠自己，谁也帮不了你。请记住：安全感从来都跟别人无关，只能从自己身上获得。事情永远都有正反两面，是正是反，重点是你的看法。

改变看法从来都没有什么快捷方式，你唯一可以做到的就是多和另一半相处，通过时间去证明自己的看法，看清楚他的人品，看他怎样待人处事，从中累积信任。眼前这个男生已经不是你的前任，你不需要用同一个标准来批判他，这样无论对他或对你，都不公平。

其次，请你试试将心比心。如果你是他，你一直专一地爱着一个人，对其用情至深，深情换来的却是误会和怀疑，试问：受着这样的委屈，一个正常人可以坚持多久？

不管他有多爱你，谁都不会喜欢在清白的情况下被说成"坏人"。

你准备好面对挑战了吗？

对你说这些，不是怂恿你做什么决定或放弃什么，而是要你有个心理准备。日后，只要你们还在一起，两人的感情难免会遇到许多大风大浪。现在不做好充分的准备，面临情海翻波时，你只会手足无措。

这一刻，你要做的是先静下来，好好地问问自己：你是真心喜欢这个人吗？在爱情当中，你想得到的是什么？

如果你觉得眼前这个人是值得自己去争取的，我绝对支持你坚持下去。你如果是真心喜欢他，就这样轻言放弃，难保有一天后悔。

著名的寓言故事《谁动了我的奶酪》，借着两只小老鼠和两个小矮人在迷宫里寻找奶酪的整个过程，来说明人们在面对工作中或生活中的变化可能会做出的反应。奶酪其实是一种譬喻，它可以变成我们生命当中最想得到的东西。

紧抱着过去，活在阴影当中自欺欺人是十分容易的事，因为你不需要做出任何改变。相反，你若要放心、放手去改变自己，就要面对一连串的不肯定和不安。

问问自己：你准备好面对挑战了吗？

隼人

×月×日

心理师的透视镜

当过去的阴影伤害了现在的感情，你需要做的是诚实地问问自己：你是真心喜欢这个人吗？在爱情当中，你想得到的是什么？

第 8 种情感困境

爱情舒适圈，真的安全又舒适吗？

你给自己围了一个多大的舒适圈呢？

在人类的生理和心理系统发展上，有一种无形的东西是不管男女都十分渴求的，那就是安全感。在女人的感情世界里，安全感更有如精神食粮，一段缺乏安全感的感情很快就会崩坏。

我曾经在婚恋公司担任心理顾问，当时负责的工作颇为特别，除了帮助单身男女疏导感情带来的情绪和疑惑，也需要教导他们如何在异性面前展现或表达自己的长处，进而增加被异性青睐的机会。我不仅要一步步地引导、教会他们如何成为既有内涵又有吸引力的人，还要协助他们排练约会时可能会碰到的情况，为约会做足准备。

在婚恋公司工作的那几年，我发现了一个十分有趣的现象：女人在工作、经济、家庭、学历等方面越是成功，为自己围出的舒适圈就越大。

走不出舒适圈，是因为怕

在跟不同的来访者进行深入的探讨之后，我发现她们设立舒适圈的原因，主要包括以下几种：

第一，怕被伤害；

第二，怕浪费时间和青春；

第三，怕被骗。

聪明如你，是不是已经发现它们的共同点了呢？

对，就是一个"怕"字。

人生越是成功，需要付出的也越多。时间、感情、金钱、青春等，对于她们来说，都是得来不易的成本。也因为有这样的想法，许多女人才没有勇气在爱情路上跨出第一步，而舒适圈就是她们紧紧把守的最后一道防线。

你的心里也有这样的恐惧吗？

缺乏冒险精神的女性，不管内心多么渴望展开一场恋爱，或是多希望拥有另一半的爱和关心，也会由于没有勇气走出自己为自己设立的舒适圈，最后只能够在起跑线处干等，眼睁睁地看着其他情侣一对对地走过幸福的终点线，自己则继续活在寂寞的国度。

就像阿怡，刚过了 40 岁生日，步入人生另一个阶段的她，原本应该好好庆祝一番，可她却丝毫提不起兴趣，因为她的心里藏着一份不安。

阿怡在事业上凭着多年的奋力打拼，成为房地产公司的总经理。她收入丰厚，又在工作的大城市早已拥有属于自己的房子，日常以欧洲进口跑车代步。在许多人眼中，她是令大家艳羡不已的成功人士、天之娇女。那么，她心中的不安来自什么地方呢？

毫无疑问，在事业方面，阿怡是出色的；在金钱方面，阿怡也是不缺的；然而，在爱情方面，今年她又交了"白卷"。

自从两年前和相恋8年的男朋友分手之后，她一直都没有再遇到另一个可以令她心动的男人，尽管身边的机会并不少。眼看着身边好友一个个或结婚生子，或有甜蜜恋人，自己却仍然孤身一人，平时在职场上表现强悍的她，感觉自己在感情方面的空洞越来越大。

问题到底出在哪里呢？其实，阿怡之所以会出现这种情况，完全是因为她一直都活在上一段感情留下的伤害中。即便遇到了看得顺眼、有好感的男人，也都因为她害怕会失去而不敢与对方有所发展，甚至因为怕反而疏远对方。此外，就算有人追求，她也因为害怕对方心怀不轨而处处提防，小心翼翼，最后还会用尽一切方法，令对方知难而退。

虽然上段感情已经过去了两年，但她依然没能打开心防，给自己和别人一个机会。

你的幸福，决定权在你

接触了许多女性来访者，我意识到：保护自己的心，是所有女性人生必要的基本防卫手段。但把自己的舒适圈无限制扩大，是否有必要呢？

人生在世，许多事情不是你做好风险管理，就代表安全了，更何况现在说的是爱情。爱情一向都不能预测，既摸不到，又捉不住，所以有时你想得到一些爱的反馈，难免要不计得失地付出。

当然，不是要你对喜欢的人死缠烂打，更不是要你不理性地随便找一个对象发展。只是希望你能明白：能不能为自己带来幸福，掌握着这个重大决定权的人，永远是你自己。

与其到最后懊悔自己错过了这个机会、那个人，倒不如放下当下的犹豫，放胆一试！最后，不管是走进婚姻的殿堂，还是一无所获，都是你自己选择的。

从零开始，以时间累积信任

如果你问我："我应该怎样走出自己的舒适圈呢？"我会把这句话送给你："舒适圈就是失败圈，成功者永远走在恐惧的边缘。"

没错，活在自己围出的舒适圈中，就有如在自己的卧室里一样舒服，这份无拘无束的感觉当然令人向往。但往深处想，人生总不能只活在舒适之中，正如有时你也想去逛逛，到户外呼吸一下新鲜空气。这虽然代表一定的风险，可是有时也要为满足自己的好奇心而去外面闯闯啊！

走出舒适圈，无疑是一种冒险，但你可曾想过：如果不尝试，这一成不变的人生、这份从来都不会进步的枯燥，你受得了吗？

日后会不会为此后悔呢？

或者，可以试试另一种方法：把你一直引以为豪的安全区慢慢扩充，从零开始，双方由朋友起步，这样会不会容易点呢？信任从来都是一点一滴累积起来的。

你为自己设定的是保障自己的舒适圈，还是束缚住自己的金刚圈呢？是时候想清楚了！

心理师的透视镜

女人为什么会走不出舒适圈呢？归根到底都是因为怕。要想获得幸福，就要勇敢地走出舒适圈，或者将自己引以为豪的安全区不断扩大。毕竟，一个人的幸福，决定权始终在自己手中。

第 9 种情感困境 ✐

男人比女人更没有安全感，你知道吗？

男人的行为，暴露出其缺少安全感

人们常说，在一段感情中觉得没有安全感的，大多数都是女人。但事实上，男人在恋爱中缺乏安全感的比例，远远比我们想象中的还要高，只是碍于自尊，男人并不会把没有安全感挂在嘴边。不过，只要细心观察，就不难发现，他的行为会轻易暴露出他缺乏安全感这一事实。

安全感的多寡，跟自身条件的好坏并没有太大关系。就算相貌英俊、身在高位、握有高薪的人，在恋爱中也可能会是缺乏安全感的人。这主要是源于他们缺乏自信或容易钻牛角尖。

职场上呼风唤雨的男人，对婚姻充满不安

我的好朋友和彦是个商人，每个月总有大半个月的时间去外

地做生意，会见客户，回家的时间少之又少。这样的作息模式，对他来说原本不是太大的问题，因为身为商人，这种"空中飞人"的日子早就成了他生活的一部分。就在 1 年前，和彦与交往 4 年的女朋友结婚了。渐渐地，他才发觉这种作息模式原来有很大的问题。

婚后，和彦的生活并无太大的改变，他仍是过着当"空中飞人"、常常与旅行箱为伴的日子。他的妻子则做起了家庭主妇，平日去去美容院，或者去健身房做运动。夫妻俩不同的作息模式使得两人的相处时间非常少，不要说吵架，就连沟通、聊天，对他们来说，都变得奢侈起来。

有一天，常常忙碌得连睡觉时间都不够的和彦竟然主动约我吃饭。这个主动邀约朋友的行为，与他平时的行径形成了巨大的反差，由此我想到这顿饭也许并不单纯。

按照约定，我准时到达了预订的餐厅。我到的时候，和彦已经到了。我惊奇地发现，平时不大喝酒的他竟然在喝酒，而且杯里的酒已经剩得不多。看来，他早已焦急地等待了一段时间。

我刚坐定，看似满怀心事的他便开门见山地对我说："我很担心我的婚姻有一天会出状况……"由于他对自己的婚姻越来越焦虑，又想到我有多年感情辅导的经验，所以特别约我出来，想问问我的专业意见。

和彦说，他明白自己经常不在家的这种作息模式实在冷落了妻子，所以尽管妻子没有微词，他只要有时间都会陪妻子，作为补偿。不过，近来他发现，结婚不到 1 年的妻子常常早出晚归。

就算平时他难得在家，她都照样外出。

"其实，仔细想想，从交往到婚后，她对我的态度一直都没有改变，可是我却变得越来越在意。她出门没有交代去向，对我回到家也没有表达关心，我却觉得越来越不安。只要她出门，我就不开心，我们常为此起争执……"

和彦在职场上可说是个呼风唤雨的人物，自信满满的他对生意伙伴的心意从来都是把握得丝毫不差，唯独对于枕边人，他却充满了浓浓的不安……

用错的方法表达爱，可能会毁掉一段感情

在一段没有安全感的感情中，男人有时会由于女友一时忙碌忘了回复信息，或是女友一时没接电话而开始联想、怀疑对方有所隐瞒或出轨。要是女友因其他事取消约会或改期，就会刺激得他更加抓狂，觉得对方"一定有问题"。

对一个缺少安全感的男人而言，恋爱就是他的全部，基本上没有事情比他的约会还重要。他对于关系的不安，往往是由这些小事开始慢慢累积起来的。由于害怕被抛弃，他开始以控制的方法对女友施加影响，务求这段感情可以按他的方式进行，不出乱子。

仔细想想，正是因为他内心脆弱，还错误地运用狂暴的方式表现出来，最后反而逼得女友不堪重负，继而离去，他却并不清楚原来是他的爱让对方离开的。

用错的方法去表达爱，可能会使一段感情走向毁灭性的终结。更极端的表现，甚至可能让他变身"恐怖情人"（关于"恐怖情人"，会在第 21 种情感困境中详细介绍）。

缺少安全感的你，需要学习自我满足

缺乏安全感，会令人变得冲动。要改善自己的安全感状况，不是要对方为你做些什么，而是要从自己做起。因为安全感不是对方给的，而是需要你自我满足的。

那么，怎样做才能满足自己呢？

首先，接受自己的不完美。

俗话说，人无完人。如果你常常将自己的不足拿出来与别人的长处比较，就只会越来越没自信。所以，将注意力集中在自己的长处上，多做自己能做得好、做得出色的事情，才能不断增强自信。

其次，为自己创造独处的空间。

你要花点儿时间去发掘自己的兴趣，多创造一些独处空间，即通过实际行动来爱护自己，让自己在除了爱情之外，还可以在其他方面感到满足。

最后，当质疑的念头出现，离开现场，冷却冲动。

每当想质疑另一半时，请你都要先冷静下来。我明白在不安和烦恼的遮盖之下，实在很难冷静，但请不要让自己一时的冲动破坏了双方关系。

我建议你先独自离开一会儿，去外面走走，使自己的情绪稳定下来，再仔细想想刚才发生的事，不要与对方硬碰硬。通常，在冷静过后，你会发现，原本想质疑的多是不合理的，只是心里的不安全感让你反应过度了。

若伴侣缺少安全感，你可以怎么做?

面对缺乏安全感的男友或丈夫，女人可以怎样应对呢?

首先，了解他缺乏安全感的原因，不要硬碰硬或好意关心。

所有问题都需要对症下药，要想解除男友或丈夫心中的不安全感，要先了解对方在这段关系中觉得没有安全感的原因。

但正如前面提到的，没有安全感的男人有时会恼羞成怒，质疑你，想要控制你，或者发脾气，不和你沟通。此时，先别急着去问他为何如此。与他硬拼、吵架，也无助于了解问题产生的根本原因。

缺乏安全感的男人总是带着愤怒的。如果这时你试着去关心他，简直就是飞蛾扑火。不管你抱持的原意有多好，说的话多有道理，男人也根本不屑一顾，完全听不进去。更遗憾的是，你满怀好意的关心和问候，在他眼中可能只是满口道理、喋喋不休的啰唆，最后你反而会被他误解，甚至被他骂得狗血淋头，难以下台。

其次，让他好好躲进自己的"情绪洞穴"里。

就如《男人来自火星，女人来自金星》一书的作者约翰·格雷博士所说，男人需要一个洞穴，在适当的时候，他会去自己的洞穴里冷静思考，发怒后也会把自己关进自己的洞穴。这时，你就别着急地硬要把他拉出来对他唠叨。他不像你所想的那样坚强，也有缺乏安全感的脆弱时刻。

最后，检查双方相处模式，对他进行细心抚慰。

既然先不能跟他沟通，那你还可以做些什么呢？

首先，你需要检查一下你们俩的相处模式，包括你对他的态度、你们之间沟通的程度，等等。或许直到此时，你才发现自己对他的心思还不够了解。

比如，你与朋友外出聚会，有没有主动告诉他是和哪些朋友一起？虽说他不一定会主动询问，以免让你觉得他好像有点儿小家子气，但其实他心里是很想知道及确认的。他会担心你是否与异性朋友相约，那为什么不主动告知，好让他安心呢？

又如，你平日在他面前的表现是否过分强势呢？可能是相处久了，忘了撒娇这件事？当然，这并非是要你刻意假装柔弱或向对方示弱，而是当你需要帮忙时，尽量第一个找他，让他在你们的关系中有存在感，知道你是需要他的，信赖他的。

其次，面对男人的不安全感，要注意安抚他敏感的情绪。有时，男人情感的程度细腻并不输给女人呢！无论他在外面表现得怎样厉害，在你身边也会变回孩子。花些心思呵护他，温柔坦诚地待他，就能消除他的不安全感。

心理师的透视镜

其实，有时男人比女人更没有安全感。身为他的女友或太太，就要做好三个方面的工作：首先，了解他缺乏安全感的原因，不要硬碰硬或好意关心；其次，让他好好躲进自己的"情绪洞穴"里；最后，检查双方的相处模式，对他进行细心抚慰。

第 10 种情感困境

男女之间，有"纯友谊"吗？

　　提到暧昧，有一个主题与其之间存在着千丝万缕、密不可分的关系，那就是男女之间的"纯友谊"。我在感情咨询工作中，最常听到来访者问的问题之一就是：男女之间真的有单纯的友谊存在吗？这样的关系到底代表了什么意义？有的来访者正身受某段与异性的"友情"的困扰；有的来访者则是一方面忍不住怀疑伴侣和异性好友间所谓"纯友谊"，另一方面又对自我的疑心病感到厌恶，自责为何不信任伴侣。

　　在此，我们就要来好好探讨一下这种"纯友谊"是否真的存在。或许，它只是玩弄暧昧行为的一个代名词。

友谊，不是一种简单的情感

　　心理学家将"友谊"定义成"两个人之间自发产生的相互依赖的情感，包含了不同程度和类型的陪伴、亲密、喜爱及互相帮助"。这个定义其实非常含糊，看似简单的友情，即使从科学角度解释，也很难说清楚。在这里，我们就从最单纯的少男少女之间的友谊讲起。

许多人在生命中也曾有这样的好朋友吧：就像轰动一时的电视剧《我可能不会爱你》里的程又青和李大仁，在漫长的青春岁月，那个男孩或女孩总是陪伴在你的身边，陪你笑，陪你哭，陪你走过了那段年少时光，你觉得两人无话不谈，甚至"臭味相投"。又或者你们对彼此说过"我才不会爱上你"，也曾如此戏说："如果有一天，我们都变老、变丑了，都还是单身，我会照顾你下半生，不离不弃……"

那时的我们可能还不懂什么是爱情，思念一个人的牵肠挂肚，爱着一个人的肝肠寸断，一切都有如天外之物般陌生。在你眼中，只要有这个朋友在身旁，大家单纯地一同补课、准备考试，做了错事一起担心受罚，又或者在别人面前以兄弟姊妹相称，这一切已经是人生中最满足、最难得的事情。

女友和红颜知己，谁才是介入者

就像我辅导的来访者小林，她来找我，是因为她和交往两年多的男朋友阿中闹翻了。两人闹翻的导火线是一段十分微妙的三角关系。

交往两年多以来，小林和阿中之间一直夹着阿中的一个红颜知己。她是阿中从小学就认识的好朋友，两人一同长大，一起背着背包出国漫游。二十多年的相处，使得他们对彼此极为熟悉，只需一个眼神，就能知道对方心中所想。而小林与阿中相处只有短短的两年多，原本甜蜜的爱情在这段友情面前常常会失去应有的重量。

在不知情的人眼中，阿中和那个红颜知己才是天生一对，而小林的出现，就像是这段关系中的一个意外、一段插曲。小林向阿中倾诉过无数次，感到自己有时像个介入者，内心充满了不安。然而，阿中每一次的回复都如出一辙，斩钉截铁地说他们俩只是好朋友，一辈子都只会是单纯的朋友关系。

正是出于这个原因，小林和阿中最后闹翻了。闹翻的导火线是一次旅游。

小林和阿中要到法国旅游。法国是有名的浪漫之国，在小林的期待中，这将是一次只属于他们小两口的浪漫之旅，她喜滋滋地与阿中一起准备着，订好了饭店与行程。

没想到就在出发的 1 个月前，阿中对小林说："我想跟你商量一件事，关于我们的法国之旅……"

小林听完男友的话，感觉简直遭遇了晴天霹雳！阿中的那个红颜知己竟然要求与他们一起去法国！

"她说她也没有去过法国，而且觉得我们的行程十分吸引人……想一想，我们都不懂法语，又人生地不熟，多一个人可以互相照顾，多个旅伴也可以玩得更开心，你说对不对？"

阿中一副理所当然的样子，似乎认为这样根本不算什么。殊不知，这样更把小林对他们俩关系的质疑推到了极致。小林感到哭笑不得，只觉得一阵天旋地转。

究竟这三个人的关系还得维持多久呢？男友和他的红颜知己之间是否存在真真正正的纯友谊呢？

长久积累的委屈和不满终于大爆发，小林再也受不了了！于是，她跟阿中闹翻了。

你自己也不清楚，这是友情，还是爱情？

像这种连自己都弄不清彼此之间是友情还是爱情的感觉，我想许多人都曾经有过。一开始，大家确实因为拥有共同话题和共同兴趣成为无所不谈的好朋友。但是，再发展下去，要保持这份友谊的"纯"，需要面对许多挑战，主要有以下这两点。

挑战一：日久生情，等你发现时已陷进去了。

对于希望保持纯粹友谊的人们来说，最虐人的一关就是"日久生情"。由于对方是自己比较信任的人，大多数人在朋友面前是放松的、开放的，还会时不时吐露自己的心事。而自我揭露感和熟悉感，会在双方之间产生一种原始的吸引力，这种吸引力是慢慢释放的。也就是说，随着时间的推移，双方相处越久，这种吸引力就越会在人们毫无察觉的时候渐渐变成爱。

虽然两个人始于单纯的朋友关系，但日子久了，不能确保哪一方会先生爱意，又或是双方都已坠入情网。就算没有人表白，大家表面上维持朋友关系，但内心往往压抑着自己的情感，对这段关系添上不同的怀疑和幻想，这样一来，纯粹的友谊就很难再维持下去了。

挑战二·要保持单纯，很难。

如果不是对一个人有好感，喜欢对方，你又怎么会想跟他做朋友呢？

男女之间有着天然的性吸引力，所以有"异性相吸"之说。这种性吸引力让人很容易产生紧张和心动的错觉。这是日久生情外的另一个挑战，保持"单纯"，可谓困难重重。

所谓的"纯"，只是大家各保留一份拘谨

从许多来访者的经验来看，我不太相信男女之间可以保持纯粹的友谊。这份友谊中所谓的"纯"，只是大家各保留一份拘谨，把对好友的暧昧留在心底。友达^①以上、恋人未满的关系，得来不易。

心理师的透视镜

一男一女会成为好朋友，其实是先天性吸引力加后天日久生情的结果。男女之间所谓"纯友谊"，只是大家还没说破，把暧昧的情愫留在心底。

---

① 友达，即朋友。

第 11 种情感困境

有了恋人，就得放弃朋友吗？

女孩的烦恼

趁着有空闲时间，我到公司附近的一家咖啡厅去写作和找灵感。小小的咖啡厅虽然装潢风格有些过时，但十分有气氛，适合思考。

这天，我刚好在此遇到了朋友。她孤单一人坐在咖啡厅的一角。不知是不是墙上发黄的海报起了衬托作用，她显得很落寞，看起来完全不像刚脱单 3 个月的热恋期女孩，和那天兴奋地跟我分享与新男友合照的小甜甜简直判若两人。

出于朋友的关心及心理师的专业直觉，我决定问问她究竟发生了什么事。

"跟男友吵架了吗？"我单刀直入的提问让她瞬间红了眼眶。

"也不算吵架啦！"她说男友对她很好，在一起时也很开心，"只是有一件事情一直让我觉得很困扰……"

原来，她的男友在和她交往前，有一位很要好的女性朋友。两人差不多一星期会见面一次，一起吃饭聊天，有时也会一起看电影。原本她以为男友跟她在一起后，会跟这位女性朋友保持一定的距离，减少与其单独相处的时间，怎料他们的约会模式仍然没有改变。

她向男友表示自己对此感到不安，然而男友却认为她太霸道，反问她："×× 只是我的好朋友。难道我有了恋人，就得放弃朋友吗？"

你的"好朋友"，也只把你当朋友吗？

像我朋友这样的情况并不少见，许多情侣也有这样的烦恼。虽然自己是信任对方的，可是对于另一半跟异性单独约会，却是怎样也无法安心。而对另一方来说，他可能认为自己行得正，坐得端，忠于伴侣，对好友也没有遐想，哪里需要担心。但你确定那位"好朋友"也是如此吗？答案是不一定，我就有过这样一段经历。

我在婚恋公司工作期间，公司的大部分同事都是女性，身为"少数族群"的我常常形单影只。后来，有一位女同事与我意气相投，我们每天都一起共进午餐。由于共同话题特别多，两个人每天总有说不完的话，根本不存在冷场的情况。但请大家别误会，这位女同事有个很要好的男朋友，那年的年底他们就要结婚了。对于她，我只是当作普通朋友一样，没有非分之想。我们在公司朝夕相处，有时下班见到她的未婚夫，我也会点头问好。就这样，一晃就到了那年的年底。

某天，我和这位女同事又一起共进午餐。

她说："我要辞职去结婚了……"

这应该是开心的事，她却越说头越低，很久也没有抬起来。这完全不像她素日的风格，真是很奇怪。

"恭喜你。"我给她送上了祝福。

她一听，就抬起了头，盯着我看。

我发现，她的眼睛有点儿湿。

接着，她告诉我一件我完全没想到的事情——原来我只当她是知己，她却暗暗对我倾心……

有时就是这样，"神女有心，襄王无意"，一直留在身边的红颜知己的心意，可能连你自己也不知道。你又凭什么肯定你的异性朋友对你没有"非分之想"呢？

另一半相信你，不代表相信你的朋友

两个人走在一起，最后没有成为情侣，原因有很多：可能对方已有对象；可能大家不想冒险破坏得来不易的友谊；可能像我朋友的男友一样，真的只觉得对方是好朋友，没什么好担心的。但是，我们也要站在另一半的立场想想，顾及自己爱的那个人的感受。

一段成功的关系是建立在信任基础上的，信任是感情稳固的基石，但这不代表你可以随便乱用别人的信任。你要明白一点，你的另一半相信你，不代表他会相信你的朋友。

如果大家都确认了彼此只是好朋友而已，为什么不大方地带自己的另一半参加你们的聚会呢？虽说未必每次都要带着另一半参加，但起码在刚开始的时候，介绍彼此认识，也让另一半跟好友有相处的机会。这样也能增加伴侣对你的好友的信任度，那么你们偶尔单独见面，他也不会胡思乱想。

当然，如果你考虑到伴侣的感受，也会懂得好好回避，最好是约几个朋友一起，尽量不要单独见面，以免让伴侣觉得难受。

其实，如果对方单纯当你是好朋友，通常会比你知趣，进而减少约你单独见面的次数，或者主动邀请你和你的另一半一起吃饭。

如果你告诉好友，因为不想另一半不高兴，不跟他单独见面了，而对方会愤怒或从此疏远你，多半也证明这位就是"神女有心"的朋友，对你的友谊早就不单纯了。

真正爱护你的人，会明白及理解你的忧虑

如果你面临跟我朋友同样的问题，担心另一半与其好友的关系，我的建议是：你要开诚布公地与他沟通。不是质问"你们约会都在聊什么"，或质疑"好朋友需要那么常见面吗"，而是找个安静的环境，在两人都情绪平稳的时候，态度平和地表达你的不安心情，目的是让他了解你对他和他朋友的友情的看重，就像你

对你们两人关系的重视与珍惜一样。

真正爱护你的人自然会明白及理解你的忧虑，从而在和朋友交往的时候保持自律，回避跟异性朋友之间的亲密行为，不做任何令你不开心甚至可能危及你们关系的事。

如果他一意孤行，就说明他对你的爱是有限的。

心理师的透视镜

真正爱护你的人，会明白及理解你的担忧。他在和异性朋友交往时，会注意让自己的行为保持自律，回避跟对方的亲密行为，不做任何令你不开心甚至可能危及你们关系的事。

第 12 种情感困境

真的只是干妹妹吗?

一辈子的好哥哥?

有一天,我去探望外婆,遇见了表妹。她是独生女,向来把我这个表哥当成亲哥哥一样。那天,她开心地跟我聊起另一个亲如兄长的大哥。

那段时间,她身边有个大 6 岁的干哥哥,他一直很照顾她,不仅陪她逛街,请她吃饭,还帮她挑选礼物送给男友,把她照顾得无微不至。这份体贴入微的兄妹情,让身为独生女的她被感动得一塌糊涂。她笑着对我说:"这个男生会是我一辈子的好哥哥。"

看着眼前这个入世未深的青春少女,我真是哭笑不得。她完全没有意识到那个干哥哥的"险恶用心"。我冷笑一声,提醒道:"那个干哥哥是喜欢你吧!"

"没有啦,我们的关系很单纯。"我单纯的表妹是真心如此认为的。

女友只能有一位，干妹妹可以有很多

在我看来，干妹妹与干哥哥的关系根本就是绝对的暧昧。

男生想要认女生做干妹妹，其实一开始心里就已有"喜欢"这个元素存在了。当然，喜欢可以是不同程度的，但至少有最基本的好感，所以所谓"单纯"的动机可以被推翻了。

另外，女友只可以有一位（"感情玩家"并不适用），但干妹妹却可以有很多。男人认干妹妹，有时是为了找"备胎"。他可以同时拥有好几个干妹妹。他一旦恢复单身，就可以向干妹妹靠近。双方因已有一定的感情基础，往后发展的成功率也会提高。

有时候，男生会将他曾经喜欢但追不到手的女孩认作干妹妹。这个再暧昧不过的动作，主要是用来化解两人日后相处的尴尬。这样一来，他既可以和女孩维持比好友更亲密的关系，又可以一直守候在女孩的身边，细心观察，伺机而动。或许，在不久的将来，一有机会，他就能成功地乘虚而入，把干妹妹变成女友。

认干妹妹，是为了满足自尊心

此外，男生喜欢认干妹妹，也是为了满足自尊心。

男人的安全感，有一部分是来自自尊和实力的。试想，如果一个男人可以同时照顾不同的女性，那是对他能力最好的一种证明。与此同时，他还可以从对方身上看到自己独特的价值。

更重要的是，男人的自尊心和满足感来自被女人需要。这可以满足他身上的一种原始大男子主义的渴求。每当有女生表示需要他帮忙，不管是他的女友、好友，还是干妹妹，他就自然觉得自己是有能力的人，比其他人都强。

心理师的透视镜

男生想要认女生为干妹妹，其中已经有"喜欢"这个元素的发酵，所以其动机并不单纯。有时是为了找"备胎"；有时是为了在喜欢又得不到的女生身边留有余地，化解两人以后相处的尴尬；有时是为了满足自己的自尊心。

第 13 种情感困境

她忽冷忽热，我如何保持关系恒温？

到底该继续，还是该放弃？

阿明是公司的行政助理，平常负责递送文件，或者帮同事处理手头琐碎的简单工作。他虽然乐于助人，工作能力备受肯定，但自认只是个处在办公室"食物链"下游、再普通不过的办公室助理，有着再平凡不过的外表，很难有女生对他青眼有加。

有一次，阿明的干妈给他介绍了一个女孩。女孩给人的感觉很舒服，又谈吐得体，阿明对她一见钟情。

交换了联系方式之后，阿明经常主动对她嘘寒问暖，关怀备至，可女孩对阿明的态度却若即若离。阿明联系她，她有时马上就有回应，有时隔好几天才回他一条短短的信息或一个表情包。有好几次，阿明想约她见面，都遭到了拒绝。可是，当阿明感到气馁，觉得女孩对自己没兴趣，犹豫着是否该放弃，不要纠缠对方时，她又连续好几天很积极地联系阿明……

这段若即若离的关系，使阿明十分迷茫。

有一天，阿明终于鼓起勇气决定向女孩问个清楚，并且决定如果对方真的没有要继续交往的心意，他就放弃，不再联系对方。但令他百思不解的是，女生回复："我们可以继续这样交往一段时间，多了解一下彼此，我对你也很有好感。"

收到这样的回复，如果你是阿明，你会怎么想？变得更迷茫，还是再度点燃追求的欲望呢？

是欲擒故纵，还是真的变冷淡了？

来自金星的女人，对于男人来说实在是太复杂了。无论对方是什么身份，同事、朋友、家人、情人、妻子或女儿，永远都令人看不透。其中，最让男人头痛的问题之一就是：初相识时，对自己"放线"的她，到底是出于什么样的心态？

女生主动"放线"，常常是想营造欲擒故纵的效果。桃花运较强的女生更是将这个技能运用得收放自如。但是，站在男人的角度，正在追求的对象到底是欲擒故纵，还是真的变冷淡了，一般实在很难分辨出来。遇到忽冷忽热的她，到底该如何应对呢？

有一种玩家，只是在享受被追求

阿明故事中的这个女孩就是典型的单纯"放线"，对阿明根本没有好感。

如果女孩有心继续跟阿明发展下去，或真想对阿明多了解一些，起码会再次跟阿明相约见面，这样双方才能好好聊天，互相加深了解。但是，现实是她只与阿明见了一次面，从此就拒绝再约会。当阿明问自己是否没机会时，女孩又说其实对他有好感。女孩这样做，只是想要阿明继续对她好。她享受的是被追求、被嘘寒问暖的感觉。

不少女生喜欢留着条件不合适甚至是较差的男生在身边，因为她们明白这些男人的选择不多，缺少认识异性的机会，会更努力追自己。这种心态实在有点儿残忍，她们不用做任何承诺，却可以继续从对方身上得到好处。

刚认识时的忽冷忽热，可能是一种观察

另有一类并非玩家心态的女生，跟男生约会，保持联系，有时也会忽冷忽热，做出拉远双方距离的行为。面对这样的女生，男生又该怎样应对呢？

先别急着讨论她是不是"玩手段"的人，相反，只是单纯去想想：为何她会拉远和你的距离？有没有什么特别的原因？

是在与你几次见面并加深认识之后，觉得你的性格或言行举止等有点儿不合她的要求？或是你身上有她不喜欢的地方，纵然对你有好感，但到了要确立恋爱关系这个层面上，还是觉得你未达标准？

既然觉得你不合格或对你有所保留，她就会先退后一步，对

你再做更详细的观察。这种情况只是单纯地表示了她的犹豫，还没有拒绝你的意思。

这时，你应检视自己的言行，反思一下：自己是否做了些让她在意或不安的事情？

你如果没有什么头绪，就可以在聊天时，多询问对方的喜好，闲谈一下择偶条件等，尽量投其所好，避免在发展初期就碰壁。

女人的反应通常比较含蓄，有所保留，所以如果她直接开口对你说"我们还是做好朋友吧"，那就真的是这个意思，你就别再多想了。

关系的天平要平衡

如果在彼此都有好感的基础上，遇到她对你忽冷忽热的情况，那又该怎么办呢？

难得到手的东西，人才会更加珍惜。有一个心理定律是男女通用的：明明已确定彼此间的好感，开始交往后，对方却变得忽冷忽热，是期待你在无所适从之下付出更多追求的努力，目的是让你投入更多的爱。

但是，这绝对不是一种良好的恋爱模式。当她"放掉"你时，你自然会担心失去她，她便占尽上风。久而久之，情况将慢慢演变成只有其中一方付出，另一方则习惯了接受，这样一来，双方之间的关系天平将会失去平衡。

你如果发现在双方的互动中，自己好像已习惯性地被她的忽冷忽热牵着鼻子走，可以试着以同样方式去应对。她不找你，你也可以不找她。这不是赌气，而是一种吃了秤砣铁了心要找出答案的策略。要是对于你的回应，她无动于衷，那你应该知道不用继续追求下去了。

若是隔了一段时间后，你再若无其事地联络她，她也重新与你热情对话，即代表她已尝过被人冷淡以对的后果，学会了中庸之道，不会再对你做得太过分。

你害怕失去，她又何尝不是呢？在一段好的关系里，双方应该是平等相待的。

❦

心理师的透视镜

被人忽冷忽热地对待实在虐心，但遇上这种情况，你更要停、看、听。你要停下急切的脚步，细细观察事实，冷静思考真相。如果自觉老是被对方牵着鼻子走，请你认真考虑你们之间的这段关系究竟是不是对的关系。

第 14 种情感困境

越快回我信息，表示对我越有好感？

　　有人说：一个人喜欢你的程度，与他回复你信息的速度成正比。假如另一半回你信息的速度变得越来越慢，很可能是他把一部分精力放在其他东西或其他人身上，有可能你已经被取代，甚至在他的生活中被抹去了……

　　可是，这个说法真的对吗？

秒回，是因为重视你，还是不专心工作？

　　无论男人或女人，也不管是什么年龄、背景，一般都会把自己重视的东西或事情放在第一位。同样的道理，对方越是喜欢你，就越会时时刻刻地想念着你，不管何时何地，都有一大堆不同的事情想要和你分享，这是受基本的心理作用影响的。这时，他会想要让你知道他的一切，也渴望成为第一个知道你的事情的人。但你是否想过，有些时候秒回不一定是好事。更何况，也要看对方是在什么时间秒回的呢。

爱玲经朋友介绍认识了必安，两人一见如故，情投意合，很快就成为情侣。在热恋期时，两人常常彻夜聊天，整晚下来，手机得充电两三次才够用。然而，日子久了，爱玲发现这样的相处好像有点儿问题，因为无论在任何时候，不管是白天的工作时间，还是好梦正酣的凌晨时分，必安总可以秒回她的信息。真让人想不通，他是不用工作呢，还是不用休息的机器人？

爱玲越是了解必安的生活，就越觉得不安，因为爱玲发现必安在工作时只顾玩手机、回信息，下班后又只是宅在家，很少有其他活动，生活没有目标。试想：生活如此单调、工作又不用心的男人，真能够托付终身吗？

由于有了这些观察和担忧，爱玲开始在与必安聊天时，刻意讨论一些有关他们将来的问题。言谈之间，必安得过且过、走一步算一步的性格，对事业没有上进心的表现，暴露无遗。爱玲终于意识到，两人的价值观及对未来的期望并不一致。最后，她向必安提出分手，结束了这段短暂的恋情。

爱玲的头脑很清醒，她从必安的秒回中察觉了异样，让自己避免了痴情错付。每位遇到伴侣秒回情形的朋友，也请像爱玲一样保持理智。虽然另一半对你的信息立刻回复，表示他很喜欢你，也代表他十分重视你们之间的沟通和交流，但是仔细想想：如果对方在工作时间内可以秒回你信息，这是否代表着他根本没有在专心工作？

每个人都喜欢有人关心，但如果对方上班时，经常性地回复你的信息，或主动发信息给你，又会不会代表着这个人对自己的工作和生活要求都不高，事事抱着得过且过的心态？

当然，职业不同，情况不同。比如，做销售方面或自由度比较大的工作的朋友，工作随时需要用到电话沟通，处理信息往来的效率自然较高。不过，对方回复信息的情况，提醒了我们要对这些细节多加观察、思考。如果打算长远发展下去，那么另一半对工作或生活有没有责任心，也是个必须考虑的重点啊！

由此可见，时时刻刻秒回信息，不见得就是好事呢！

龟速才回，或已读不回？

跟秒回相反，等到你快忘了发过信息给对方时，你才收到他的回复，又是怎么回事呢？从表面上来看，这真的很令人不悦，但且慢，先别一竿子打翻整船人，让我们来分析一下。

先来看龟速才回。前面提到了工作情况会影响回复速度，如果你知道他的工作是非常繁忙的，而当他回你信息的一刻，每每都是他刚下班或已惯性加班后的下班时刻，那也不用担心。工作一结束，他便马上想起你，要回你信息，这充分说明你对他来说是重要的。

至于已读不回，也要看清楚对方是长期这样，还是他真的需要一些时间去思考怎么回复你。他是个害羞、内向的人吗？我有个来访者盛伟，他就是个内向的害羞男生。在咨询的过程中，我发现他常常对交往中的女生发出的信息已读不回，但明明他平时是秒回我的那种人。

我问他原因，才明白原来是他太重视这个女生了，生怕自己回得太快，没想清楚，会答错问题或回错答案，给对方留下坏印象。

我告诉他："你回复得这么慢，对女生而言，已经留下坏印象啦！"

其实，信息交流就是给彼此机会，轻松地互相了解，加深对彼此的认识。既然如此，何必给自己压力呢？

他回什么，比回多快重要

信息被回复的快慢，确实可能反映出你在对方心目中的地位，但最重要的还是内容的质量。

要是对方秒回，内容却是唯唯诺诺、支吾以对，那肯定是在敷衍；

若是有心想了解你、与你发展下去的人，一定会不停地和你交流，问你问题，而不只是附和你；

假如对方十分重视你和你们俩的感情，即使没有立刻回复，也会在自己空闲时找你；

如果才认识没多久，他便总是消失好一阵子后才出现，或者经常对你已读不回，也许你该重新思考这个对象是否适合发展下去。但若双方已经很亲密，你又介意他回信息的习惯，那就要好好与对方沟通，让他知道你的感受，因为沟通始终是爱情的基石。

建立属于你们两人的沟通默契

如果你也像盛伟那样比较内敛、害羞，时常想了半天，也想不到可以和对方说什么，不妨试试从自己日常的一件开心事说起，通过小事的分享加强彼此间的了解。而且，先以发信息来熟悉与对方聊天的感觉，接着才慢慢加入电话聊天，可以缓解你的紧张及压力。

至于平时常心急秒回，或者喜欢说话多过文字沟通的朋友，可不要一开始就黏着对方，要对方与自己进行马拉松式的通话。

凡事都需要循序渐进。大家都是成年人，都有工作和生活需要兼顾，不妨每天约定一段双方都比较空闲的时间，比如下班乘车回家时的几十分钟，彼此来个短短的关心和闲聊，这比马拉松式的聊天更有乐趣。因为这样既不会令人觉得烦扰，也可让对方知道你心中有他，增强彼此的思念，增进亲密感，一举两得。

情侣相处久了，会对彼此间的沟通模式自然而然地产生微妙的默契。这份只属于两人的默契不会是一朝一夕产生的。不过，只需要多花一点时间，多费一点心思，这种了然于胸的感觉，很多情侣都可以培养得出来。

心理师的透视镜

互发信息是情侣日常沟通的方式之一。无论是秒回，还是龟速才回，或是已读不回，都属于常见的情况。如何才能从这些行为中得知对方的真实心意呢？不妨多花一点时间，多费一点心思，建立属于你们的沟通默契。

第 15 种情感困境

你以为越主动发信息，代表你越积极？

如今随着科技的不断发展，人和人之间的距离也变得越来越近，现在人人都智能手机不离手，微信、WhatsApp，一天到晚响个不停。打电话给心仪的对象这种方式似乎已经过时了。相形之下，还是以文字传情更恰当（虽然上面提到的那些即时通信软件也有语音和视频功能）。尤其是大家初相识，彼此了解不深就打电话，往往会出现冷场，用即时通信软件发消息则能使双方更加轻松自在。

不过，用文字聊天也有要留意的技巧。

选择在黄昏或晚上发信息

一天当中，什么时间给对方发信息比较好呢？什么时间发信息可能会石沉大海呢？

就像电话销售员打电话进行推销一样，找对时机，沟通的效果会加倍。有时，我们会接到一些推销电话和信息，但你注意过吗，不同的时间段，你听完或看完整段销售信息的概率也不同。了解这些之后，相信大家可以更轻松地看懂艾伦的烦恼。

一天，艾伦找我，他说每次有新认识的女生，无论是网友或朋友介绍的，双方的关系都很快就"无疾而终"。他看起来很苦恼，特别想从我这里得到答案。

他说："不知道为什么，那些女生好像都不太喜欢跟我聊天。"

我问："你们聊天的频率如何？"

他说："我发了十句，结果她才回一句。"

天哪！人家第一句话都还没有回复你，你何必再多发九句呢？！

我又问："你都在什么时候发信息给人家呢？"

他给我看聊天记录，光是一个上午就已发了十条信息给对方……天哪，这发信息的时间也有问题。除非对方不用上班，否则也很难有人可以在上午与他闲聊吧！

上午，大家都工作繁忙。刚进公司，满屏幕都是待处理的文件、等着回复的电子邮件，或是准备开会的通知。

在这段人神经最紧绷的时候，即便是你发信息，她可能也没空、没心情回复，看过就算了，比较有礼貌的人或许简短地回几个字。如果你继续喋喋不休，甚至可能落得引人反感的下场。艾伦的"轰炸式发信息"，就是令刚认识的对象却步及反感的原因。

因此，建议你就算想与对方信息传情，也尽量选择在晚上忙碌过后，最好是对方心情放松时，那样对方才有心思慢慢跟你聊天；或者等对方洗完澡，躺到床上，在入睡前和你谈心。试着去营造这样一种让她觉得轻松又浪漫的气氛吧。

避免在对方有约会或忙碌时发信息

告诉你一个心理小秘密：假如要让她期待你的信息，时刻都想与你聊天，你得为自己创造一份被渴求的感觉。

明知对方有约或在忙碌加班，就别打扰。她忙着别的事，自然无法分心与你畅谈。强扭的瓜不甜，你若像苍蝇般纠缠不休，不但会使她对你失去期待，还会让她觉得你很烦，进而失去和你交往的兴趣。

记下对方的空闲时间

只要没有像艾伦那样被拉入黑名单，彼此用信息交流来往两三天之后，你通过细心观察便能大概得知对方的日常行程，清楚她哪个时段有时间与你发信息。

接着，每天在同一时间发一条信息给她，渐渐养成她每天想读你信息的习惯，这样有助于让她对你产生期待。

信息内容宜精简

发信息时不用想太多，简单说声"Hi"，或者问她在做什么也可以。先从基础打开话题，并留给对方宽松的空间用于回复。太长的信息，对方没心思细看，你等她回复也不知要等到何年何月。

要保持对话畅通，精简的信息才可让对方轻松响应，无压力的话题才能继续延续下去。

表示你对她的事情感兴趣

有机会可以试着多问她日常生活的情况，用心去了解她，让她慢慢地意识到你对她有兴趣，并且想对她了解得更多，更进一步认识她。

告知你的兴趣、喜好等

在了解对方的同时，你也要让她知道你的兴趣、喜好等。比如，告诉她，你喜欢某一首歌，喜欢去某一家餐厅……如果她也有心，当她下回到了那个地方，看到某样你也喜欢的东西时，便会想起你。如此，你在她的生活中更加强了存在感。

快要道别的时候，称赞对方一下

虽然人人都喜欢受称赞，但并非每分每秒都要将赞美挂在嘴边，否则就变成没内涵的"马屁精"了。切记，赞美也是一种艺术，不要言之无物。

试着偶尔在聊天快结束前，赞美一下她的外表、个性等。她在感到开心和喜悦之余，会想与懂得欣赏她的你继续谈下去。而你选择在这个时候说再见，将使她对你们今后的互动留下想象的空间，期待再一次与你聊天。不知不觉间，她会对你越来越有好感。

很多时候，许多人只顾着主动发信息，以为这样做可以显示自己积极，但时间不对、内容言之无物又不懂得投其所好，即使写得再多，对方也不会有特别感觉，反而可能感到厌烦。

这些小技巧不仅可以帮助交往双方更好地进行沟通，还有助于与他人更顺畅地进行线上交流。

心理师的透视镜

"轰炸式发信息"是交往中的大忌。用文字聊天也要有一些小技巧。比如，要注意避免在对方有约会或忙碌的时候发信息，记下对方的空闲时间，消息内容宜精简，寻找双方的兴趣点，在快要道别的时候适当赞美对方。

第 16 种情感困境

他的哪些行为，透露对你有好感？

　　女生常说男人爱玩暧昧，男生却觉得女人才是暧昧高手，双方争执不下。其实，暧昧哪分性别，只是男女以不同的行为来表示罢了。

　　暧昧时期，双方的关系超越了普通朋友，但又未确立恋人关系，在这当中，越过了朋友的互动可有不少呢！比如，牵手、拥抱，甚至亲吻等，这些亲昵的行为会增加脑内的催产素、多巴胺分泌，让人产生飘飘然、心如鹿撞的感觉，所以无论男女，享受暧昧也算是人之常情。

　　而对于男人来说，狩猎是他们的天性，要有计划和准备才能把猎物猎到手，他们向往与目标对象猜心、引诱和拉近距离的过程。如果能选择，男人可以一辈子停留在追求的状态，并不急于表态，这也是女人认为男人才喜欢玩暧昧的原因。

　　那么，男人在感情中的暧昧主要会有什么表现呢？

在女性面前，放大自己的存在感

在一次业界聚餐中，阿非遇见了心仪的对象艾咪。当时，他正与几名同行聊天。艾咪到场之后，正好坐在邻桌，阿非突然提高了讲话的音量，手舞足蹈地对同伴们聊起怎样才能提升业绩。要知道，阿非可是公司年度营业额前三名的员工，这么做，无非想让艾咪注意到自己的优点。

阿非这种行为看似有些幼稚，但只要稍加观察，你就可以发现，男人常常会不由自主地这样做。当自己心仪的对象在场时，他与别人聊天的音量会特别大，用词和语气也比平日夸张，目的是想让对方留意，让对方听见。他不一定会直接与有好感的对象聊天，反而是想借着自己与其他人的互动来展示个人魅力，吸引对方。

有意无意的身体接触

阿克约了喜欢的女生莎莉，和几个朋友一起去主题乐园玩。玩得兴高采烈、跑跑跳跳、你追我逃的时候，大家难免有些身体接触。有时，阿克还拉着莎莉的手奔跑，要赶去下一个游戏项目排队。一整天下来，莎莉都没有抗拒阿克这样的举动，双方的感情似乎更进了一步。

男生与心仪的对象聊天说笑时，有时会出现自然地轻搂女生的腰，或轻摸她的头、捏她的脸蛋等一些情侣间常见的小动作，并借由这些举动一点一点地试探对方。女生如果没有抗拒，或者明显也喜欢，就会大大增加他之后表白的勇气和信心。

让对方习惯自己在身边

海伦身边有两三名追求者，因为大家都是相识了一段时间的朋友，所以她对他们都有些好感。可是，在这些追求者之中，明俊每天都是第一个发信息向她道早安的人。渐渐地，早安消息变成她依赖的一种闹钟。

久而久之，她便习惯了。即使设定了手机闹钟，她还是非常在意明俊每天的一句"早安"。要是哪天没有收到，她就会产生患得患失的感觉。这也让海伦开始怀疑自己是否喜欢上明俊了。

在重要的日子，约对方见面

曾有个来访者问我：彼此还不是恋人，在对方生日及情人节等节日进行邀约，表现是否太明显，或者会让对方觉得突兀？

其实，刚好相反，如果你偏不在这些重要的日子邀约，你们就永远都不会有机会开始。

女性对节日是比较敏感及重视的。特别是她有好感的男性如果在重要的日子，比如她自己的生日、对方的生日或情人节的时候相约，她自然会觉得，原来自己在对方心中占有一个特别的位置。

在重要的日子进行邀约，正是让彼此关系更进一步的好方法。

心理师的透视镜

男性的一些行为会透露出他对女性的好感。比如，在女性面前，放大自己的存在感；与女性有意无意的身体接触；让女性习惯自己的存在；在重要的日子约对方见面。

第 17 种情感困境

她的哪些行为，透露对你有好感？

许多男人不解：为什么自己不主动、不表白，女生就不表态？为什么女生好像比男生更享受暧昧的关系？

这是因为，女生知道，只要对方一天无法确定她的心意，他就会继续努力地追求。在这个阶段，追求的一方会极力表现出最大的诚意。

不过，尽管女生竭力不表露心意，但如果她对对方是有好感的，还是会通过以下这些暧昧行为，不经意地透露出自己的感觉。

找对方倾诉心事

致中和亚丽在公司共事了差不多 1 年，除了公事往来，平时也会相约吃午饭。大约 1 个月前，亚丽开始对致中谈及私事，比如工作上的烦恼，她与朋友、家人之间的问题等，并询问他的意见。致中觉得自己在亚丽心中的地位大大提升了，也开始比过去更加关心亚丽。

男人和朋友常以玩伴的形式交流沟通，女人则偏好聊天、谈心。对于心仪的对象，很多时候女人会向对方倾诉自己的秘密和心事，或询问其意见。这样一来，一方面，可以让对方觉得自己很受重视，感到自己是被需要的；另一方面，大大增加了双方相处的机会，也能借此多了解对方的想法。

当女人主动告知心事，对方便容易诉说自己比较私人的事。谈过心事，增添了亲密感，彼此的感情也比较容易更进一步。

跟对方有肢体接触

女生在和心仪的对象聊天时，有时并排坐，会有意无意地用自己的腿去触碰对方的腿，或者像前面例子中的阿克和莎莉，在游玩时因玩得投入而越靠越近。

如果一个女生对你有好感，在你们聊天、玩闹时，她会看似不经意地拍打你一下、拉拉你的手等。这些动作看起来很自然，却可能是隐含着喜欢的肢体语言。

提高声音说话

一群老朋友每个月定期相聚，有时友人带着其他朋友参加，我们也很欢迎。在这群老友中，有个叫欧娜的女生，她平时说话的语气都比较平淡，不温不火的。然而，最近几次聚会时，我留意到她说话变得又娇又嗲，声音也提高了很多，还多了点儿抑扬顿挫。后来，我发现，有位朋友带了一位男性友人来，欧娜就是跟他说话时，声音变调了。

女生会不自觉地在心仪的对象面前表现得更加女性化。比如，说话时会提高声线，语气变得温柔，有时还会撒点娇，展现出平常所没有的可爱形象。只是，很多时候当事人因为害羞而不自觉，未必会察觉到有这些不同。

特地请对方帮忙

意雯明明每天早上只喝一杯咖啡，不吃早餐，可是与她同组的同事们都发现，这个星期以来，每天早上，她都带一份三明治来上班。

为什么意雯会有这样的改变呢？

原来，意雯先前因为业务合作，认识了另一个部门的男同事，两人慢慢熟络起来。她也找机会接近对方，请对方帮她买早餐，就是其中的一个小举动。

帮女生做些举手之劳的事，很多男人都乐意。在这个过程中，男人通过照顾女人，感觉自己被需要，女人似乎也在此过程中在对方心里占了一个位置，也更有机会接近心仪的他。

心理师的透视镜

女性的一些行为会透露出她对男性的爱意。比如，她会找对方倾诉心事；跟对方有身体接触；会在对方面前提高说话的音量，或者改变说话的声调；会特地请对方帮忙。

第 18 种情感困境

她的爱意小动作，你注意到了吗？

都说"女人心，海底针"，想要看透万千少女心事，可以说比登天更难。幸好，一个人的思想状态会在她的行为举止中表现得淋漓尽致，就算再怎么掩饰，心理反射表现出来的小动作是绝对骗不了人的。

面对眼前的她，大可试试静心地观察她的小动作，这些小动作或多或少会透露出她对你的感觉。此时，冷静观察方为上策，切忌自乱阵脚，胡乱出招。

不过，我们要先搞清楚一个事实：许多女生是不会直接开口说爱的，她们的矜持往往压制了情感表达，她们有时甚至变得过分含蓄。也因为有这个无形的框框存在，女人的行为经常让男人摸不着头绪。以下列举几种在女人身上常见的比较明显的显露她对你有好感的肢体语言。我们简单称此为"爱意小动作"吧。

头发的秘密

当与心仪的女生谈天时，你记得留意一下：她有没有用手去抚摸、把玩自己的头发，或者是手指缠发丝绕着圈。如果有，这是一个十分明显的示好信号，因为她这样做是想吸引你的注意。

说真的，在女生的闺密聚会上，你会看到她们做出这样的举动吗？很难吧？这个举动，最常出现在初次约会或团体组织的快速约会场合。

一位男性来访者说，女孩每回与他约会，好像都下意识地玩自己的头发，有时在聊天的时候，有时在共进晚餐期间。

对于女孩这样的小动作，他实在不明所以，就向我请教："是不是我表现得不好？我有什么行为使她不安了，还是我们聊的话题太闷了，所以她宁愿玩头发？"

当时我给出的答案令他十分惊讶。我说："从心理学及人类学的角度来说，女人的一头秀发其实有着第二性征的意思。如果一个女生在你面前把玩秀发，就意味着她希望在你面前刻意地展现自己的性感。"我观察到一个现象：当一个女生面对陌生男人时，若她下意识地把玩自己的头发，之后双方进一步交往的机会也相对比较高。提醒男性朋友，当有女生在你面前把玩她的头发时，你可以视为这是对方想吸引你的一个信号。

酒杯出卖了心情

如果和小孩子相处过，你会发现：小朋友面对喜欢的事物时，都会目不转睛地一直盯着看，这是最直率的心意表达。也因为小孩子单纯，他会把目光毫无掩饰地投射到自己想要的目标上。

同样地，若你发现女生望着你手上的饮料，这也是一个十分有趣的信号：有很大的概率是她想要你也请她喝一杯。不妨将此视为一个好时机，主动上前，大方地请她喝一杯，进而把握机会认识对方。

由于喜欢研究心理学，我也习惯通过观察人们的一些小动作和行为，来推敲人们当时的心理状况。有个跨年夜，我们几个朋友到酒吧庆祝，一个独自坐在吧台的女孩引起了好友定峰的注意，女孩高贵、优雅的气质深深吸引了他。在朋友们的鼓励下，一向不擅长与女生相处的定峰，鼓起人生中最大的勇气，向对方走去，说要请她喝一杯当作庆祝新年。我则在一旁观察着他们的互动。

根据以往的经验，多数男人在请对方喝了一杯后，就没有再进一步的行动，原因往往是：不知道对方的兴趣如何，对自己有没有好感等。其实，他们可以从留意双方酒杯的距离开始。

面对刚刚认识的陌生异性，人类天生的防御意识机会启动，女方便自然地保持着一段自我保护的距离。然而，若你发现她并不介意彼此将酒杯靠近，甚至把身体或座椅贴近了一点，表示她对你的防范应该较少。

就像定峰，当晚他和那个女孩聊了一段时间，不单是酒杯，就连两人的身体都贴得十分近，这绝对是一个正向的信号。然而，定峰没看懂这些身体语言，加上他的个性比较害羞，不善交际，没把握住机会，最后只是把女孩送上出租车，连联系方式也没有交换。

衣服隐藏的心思

有时，女人会在异性面前表现得十分冷漠。不过，就算面对的是冷若冰霜的女性，只要细心观察，就不难发现，她的一些小动作出卖了她隐藏的真正心思。

你可能也有过这样的经验：面对紧张和压力时，会感到身体发热、心跳加速，这是因为肾上腺素上升。

当一个人面对对自己有吸引力的异性，同样的情况也会出现。若你注意到眼前正和你对话的女生变得脸红，或者脱去了外套，如果不是通风不好，空气太闷，那就是她因你的存在而紧张的一种信号。这时，你可以再进一步留意，对方是否不自觉地触摸自己的身体。

记得有一次在大学的交流晚会上，我注意到有名女研究生不停地揉搓手指，而且没几秒就整理一下衣服。我好奇地观察她，结果发现，原来当晚是她与心仪的学长第一次如此近距离接触，难怪她坐立不安，不自觉地做出了一些小动作。

眼神传递的信号

人类是视觉性动物，眼神十分容易出卖一个人的内心所想。三十多年前在测谎设备不像现在那么流行时，人的视线就曾经充当过测谎工具。

在一个人头攒动的聚会空间，你感觉到有目光投射在你身上，先是轻轻一眼，加上一个会心的微笑，再来一道望眼欲穿的凝视。这就是个十分重要的信号，它在告诉你：对方是对你有兴趣的。

这时，不妨进一步留意对方的眼、眉。如果眼、眉上扬，就说明对方对你的好感加强了。因为此处有两块肌肉，它们属于脸部表情肌的一种。一个人就算想要压抑表情，也无法只控制其中两块。而且在脸部的肌肉中，眼、眉部位是比较难控制的，即使是说谎能手，也难以操控。

如果你更进一步发现对方身子微微往你的方向倾斜，这个带点性感的动作也显示对方很想吸引你的目光。

心与身的接触

先前提到，人类（特别是女性）的自我防御机制十分严谨，面对陌生人，往往会张开一层无形的防护罩以保护自己，会在不知不觉之间与对方保持一定的距离。

简单来说，女性不会随便去触碰别人的身体。如果一个女生有意无意地对你有身体接触，比如说，你讲了一个其实不太好笑的冷笑话，她却热情地拍拍你的手，这样你可以感受到她并不讨厌和你接触。

当然，你也要留意她是不是对在场的每个人都这样做，因为的确有些女人不太介意和他人有身体上的触碰。不过，如果发现心仪的她只对你有这样的行为，你就可以好好地想想下一步如何拉近双方的距离了。

女生的小动作何其多，要从中一辨真伪，除了已有的认知之外，还需要过人的洞察力。虽说"女孩的心思你别猜"，但不正是因为有了这些小动作，才更显出女人格外可爱又吸引人吗？

心理师的透视镜

很多女性很矜持，不会直接开口说爱，但她们的一些小动作中却会透露出其对异性的情意。比如，她在跟你相处时会把玩头发；因为有你在场，她会紧张地不停整理衣服；在和你相处时，她的眉毛都是上扬的。

第 19 种情感困境

不起眼的我，也有机会发光吗？

怎么会这样？突然他发亮了！

"到底为什么会这样？本来对他一点兴趣都没有的。"咨询室里，容容聊到了自己最近的感情状况。

她说，某晚与闺密在餐厅吃饭，对面桌坐了两三个男生。无论是穿衣风格，还是身材，都不是她感兴趣的男生的类型。

其中一个闺密说："你们看到对面桌左一的那个男生吗？他是我公司的客户。别看他外表呆头呆脑，好像很宅，但他在业界很受重视，不到两年的时间，就从助理升到现在的经理。这样像坐直升机一样的晋升还成了一时佳话呢。"

不知为什么，容容听了闺密的话之后，顿时感到左一的男人突然变得比同桌其他男人耀眼起来，整个人都像有光环包围着似的。

此时，他也注意到容容的朋友走过来打招呼，大家便聊了起来。很自然地，一群单身男女交换了电话号码，相约以后再联系。

"如果我没有听到朋友赞美他，他就这样走过来打招呼，可能我也只是跟他点头微笑罢了，因为他外表看来真的很没趣。隼人老师，为什么我会突然有这样的变化？"

预选机制提高了相对价值

事实上，这是预选机制在起作用。

简单来说，在这种情境下，预选是通过他人的认同提高了一个人的相对价值。当大家都觉得你好的时候，你的相对价值会因此悄悄提升。就如同网购，你没有亲身接触实物，无法确定店家是否可靠，就需要通过其他买家的评语来判断对象的质量。

与同桌的朋友们相比，坐在左一的男人外表不是特别俊朗，说话也没有特别幽默。要不是他性格外向，一向广结人缘，喜欢与朋友互动，并以工作能力建立起了口碑，成为大家口中不错的男人，容容也未必会把素不相识的他放在眼里。但是，当参考了自己朋友的评价，也认为这个男人不简单、有意思，她就会对他产生好奇心，不由自主地想多了解对方。

7 秒钟决定第一印象

先别提能否谈感情，光是两个陌生人从相遇到更进一步相识，其间便关卡重重，除了预选机制，第一印象也有着重要的影响力。

如果给你7秒钟的时间，你可以做些什么？

或许你会想短短7秒有什么好做的，呼吸一下就没了吧。但我要告诉你，7秒钟可以决定别人对你的第一印象。

我们对人的第一印象往往最鲜明、最持久，而且第一印象如何是决定日后是否继续往来、如何往来的重要因素。这7秒钟不用开口说话，只要运用得当，你就可以靠外表与行为在他人心目中营造起良好的第一印象。

这不就是以貌取人吗？是的。在认识一个人之前，我们哪一个不是只靠对方的外表来判断他的个性？但这个"貌"并非指容貌美丑。良好的第一印象不是只凭美貌来表现的。即使并非俊男美女，只需在服装、举止下功夫，也能给他人留下美好的第一印象。

首先，无论男女，都要保持仪表整齐、干净。不要蓬头垢面，也不用把发型设计得太花哨，只要是让你看起来精神、整洁的便可。男性最好刮净胡子，女性最好化点淡妆，稍微修饰便可。

其次，保持良好的坐姿、站姿与走路的姿势。这是常常被大家忽略的一环，但确实是影响一个人气场的重要因素。

走路要挺胸、收腹，坐也要挺直身子，稍稍向前倾。别小看这些小习惯，它们不但能使你看起来高挺、有气质，还能让你举手投足显得稳重、优雅。其实，这只是基本动作。然而，现在到处都是"低头族"，许多人都忘了这些小习惯，所以单靠这些动作，你便可以给对方留下良好的第一印象了。

打破条条框框，走出去交朋友

你如果觉得自己在第一印象的表现上比较吃亏，就要从预选机制入手，寻找打破条条框框，走出去交朋友的路径。

首先，不要以找恋爱对象为大前提来交朋友，而要以多认识人为目的，克服与异性交流的陌生和忧惧，学习正确面对异性，学习怎样与异性沟通、交流。你的条件再好，也得先被别人发现及看到。

如果有心仪的对象，不妨先认识他身旁的人，由其他人着手，先打好底子，到时有了身边朋友对你的认可，要给对方留下好印象也相对容易一些。

此外，不妨把多认识人当作练习胆量的心理练习，这样能减轻你的紧张程度，让聊天变得轻松些。最重要的一点是"知己知彼，百战百胜"，要善于从旁人口中了解对方的喜好。这样，你就有充足的时间好好准备，也不至于多走冤枉路，甚至表错情，落得"出师未捷身先死"。

其次，尝试参加婚恋公司的活动，也是学习面对异性的训练方法之一。这样至少有机会去接触异性，改善自己害羞的状况，慢慢地让自己在异性面前可以表现得自然一点。

最后，空闲时，也可参加感兴趣的课程或一些网络群组的线下活动。从自己有兴趣的事物开始交流，既不怕想不到话题，也可以训练自己在陌生人面前打开话匣子。

当然，这些只是第一步，内涵与修为是没有办法伪装的。要吸引对的人来到你身边，提升自己才是王道。

心理师的透视镜

对于萍水相逢的男女来说，第一印象如何是影响他们是否会进一步发展的重要因素。如果觉得自己在第一印象方面的表现并不占优，不妨从预选机制入手，寻找打破条条框框，走出去交朋友的路径。

第 20 种情感困境

随缘，是被动的浪漫？

相信缘分，是一种可爱

在身边的单身女性朋友身上，我观察到一个十分可爱的共同点：尽管年龄不同，收入和学历也各不相同，但是她们都不约而同地相信缘分。朋友聚餐时，席间如果有人问及目前的感情状况，或是有没有机会认识异性的时候，女性也常习惯性地响应一句："看缘分吧。"

说这个特点可爱，绝对没有贬义，而是我真心欣赏一个人不管经历了多少生活风雨，仍旧相信"情由缘定"的这种单纯。

不过，有人只相信缘分，被动地等着缘分自然上门，把缘分未到当成感情之路不顺的理由，这样的想法值得商榷。

执着于缘分，是出于无奈

朋友秀庭年近 40。自快 30 岁恢复单身后，多年来，她几乎每个月都参加婚恋公司的联谊。可大大小小的活动去了数十次，直到现在仍是孤家寡人。亲朋好友常常唠叨她："是你的要求太高了吧？你不要再东挑西拣了……"其实，情况正好相反，她从来没有想要去挑人，反而是等别人来找她。

在事业上，秀庭能力杰出，一有念头便主动出击。无论经济还是生活上，她都有能力照顾自己，并不需要依靠别人。可是，一谈到感情，她却成了宿命论者。快30岁时的分手是"无缘"。近10年来，她还是被动地坐等爱情缘分的到来。就算有看对眼的，如果对方未主动表态，她就也消极以对，因为"无缘"。结果，她干等了缘分快10年之久。而且，可以想见，这样下去很可能以落单收场。

女人不管多少岁，都会怀有少女心，都会对爱情有憧憬。相信缘分，是可爱的。然而，执着于缘分则是一份无奈。曾经被爱情伤害过，曾经力挽狂澜去挽救已死的爱情之花，曾经勇敢地追求自以为的心中最爱，但最后无法走在一起，只能托词是因为缘分不够深。

秀庭始终未走出10年前的感情，这使得她踏出每一步时都如履薄冰。她让自己硬起心肠，因为太执着、太眷恋、太期待的贪嗔痴，只会令自己意乱情迷，心烦意乱。她只能自我说服：不如一切随缘，随心而走。

人要灵魂，爱情更要灵魂

相形之下，男人就显得比女人实际。这么说恐怕会得罪不少男性朋友，但不能否认，一般而言，男人在坠入爱河之前，会先审视许多外在条件，有了清晰的结论之后，再决定是否与对方交往，但往往也因为过度盘算，导致最终忽略了心灵上的交流。然而，人要灵魂，爱情更要灵魂。

曾经有男读者来信诉苦："我自问条件不算差，有事业，有学识，有房子，但是为什么我很努力地寻找，就是找不到一个情投意合的对象？寻寻觅觅很多年，让我心好累……"

其实，就像读书识字，学无前后，达者为先。寻寻觅觅，最终目的只要寻得一个合得来的人，偏偏许多男人算计太多，走马观花。但是，情感世界永远都是公平的，就算家财万贯，功成名就，不用心去交往，也只会沦为爱情中的失败者，落得孑然一身的结果。

不期而遇的爱情是浪漫且令人羡慕的。有人会说，这是前世修来的福气。如今，我们因种种因缘际会遇上各式各样的人，有人只是与我们擦身而过，有人却会和我们伴随一生。如果觉得遇到对的人，何不好好把握机会，与他进一步发展出对的关系，建立缘分呢？

心理师的透视镜

随缘确实是一种看开的洒脱，但也往往成了过度自我防护的托词。其实，缘分只是相遇的契机，唯有给彼此相知的机会，缘分才会变成美丽的姻缘。

2

第二章

分不开

　　追问"为什么"，是想寻求一个答案，但是答案其实不重要了。面对不再爱了的事实，你才能活在当下。

第 21 种情感困境

他是不是"恐怖情人"？

怎样的人，才忍心对心爱的人痛下杀手？

在漫长的人生旅途当中，我们总会碰上甚至爱上不同类型、不同性格的人，其中有一种人是要特别小心的，那就是"恐怖情人"。

2018 年 3 月，一件令人不寒而栗的事发生了：一个 20 岁的大学生杀害了 21 岁的女友，弃尸在室外草地上。

之前，两人相约过情人节，还留下了亲密合影。谁也想不到，原本是情人的甜蜜旅行，最后却成为青春人生的最后一程。大家也很难想象，一个男生会这般冷血地对自己心爱的女生痛下杀手，除非他是典型的"恐怖情人"。

交往出现这些征兆，就该放手

"恐怖情人"在交往初期很难看得出来，相处久了，才能看出端倪。一般说来，"恐怖情人"具有以下特征。

首先，他有强烈的控制欲。

"恐怖情人"最明显、最易辨识的特质就是控制欲强。他除了会以你为生活中心外，同样也要求你把他排在心中的第一顺位。

基于女性或多或少会喜欢有点儿大男子主义的对象，在恋爱初期，你会视这些控制行为是他爱你的表现，也会愉快地遵从对方。但是，相处时间一久，他对你的控制范围就会越来越大，态度甚至变得有点儿蛮横无理。可是，你由于此时已情根深种，往往也会选择继续隐忍下去。

其次，暴力阻止不成，以眼泪和甜言蜜语挽回你的心。

到了你忍无可忍提出分手时，他会千方百计阻止你离开。其中，最常见的表现，就是以恐吓要挟或以暴力的方式来对待你。有的人甚至以打骂来阻挡分手，但事后又可能像川剧变脸般，声泪俱下地向你赔十万个不是，再以甜言蜜语及装作诚恳的态度令你心软，希望挽回这段感情。

最后，表现出"大不了同归于尽"的决绝。

如果到最后连以死相逼都没用时，他便会动起杀机来，出现与你同归于尽的念头，这就是"爱你爱到杀死你"。

与"恐怖情人"分手，不要刺激对方

"恐怖情人"多属于边缘型人格，内心常陷入极大的矛盾，常常今天觉得你很好、很爱你，隔天又变得好恨你。他们既自大，又自卑，对自己及爱情缺乏信心，以至于经常怀疑另一半有外遇。基于不信任的心态，他们更加想掌控一切。当想要的东西未能获得满足，他们就会立即失控、抓狂。他们从来没有意识到，是自己的行为迫使另一半做出分手的决定的。他们永远都把关系弄僵的责任推到对方身上。

"恐怖情人"并不能马上辨识，但日久见人心。当你发现另一半有着以上的特征时，先别急着与对方分手，因为急着分手只会打草惊蛇，弄巧成拙。你可以试着用"予取予求"的方法暂时与对方好好相处，一步步地使彼此的感情冷却下去。

用这种温水煮青蛙的分手方式，可以避免刺激对方，至少不会让自己落得面对危险的境地。

你觉得谈恋爱是为了什么？

读到这里，可能有读者怀疑起自己身边那位就是"恐怖情人"，却又舍不得分手。在此，我希望你思考一下这个问题："你觉得谈恋爱是为了什么？"

我想没有人会反对，谈恋爱是为了寻求幸福感和快乐。但当有一天，你发现在一段感情中，自己得不断妥协，不断违背自己的意愿；或是双方之间的关系渐渐地变得不平等，自己的地位甚至变得越发渺小，自己步步退让却从不觉得快乐，那请你尽早离场。因为这样不平等的爱情有如癌细胞，将一步步地腐蚀你生命中的一切，令你从此不再活得有光彩。不如把这些心思和精力用在追寻另一个能让你爱得轻松自在的人身上吧！

心理师的透视镜

"恐怖情人"一般具有三个特征：第一，控制欲超强；第二，对你威胁或暴力以待之后，又哭诉着爱你，请求你原谅；第三，表现出"大不了同归于尽"的极端倾向。

第 22 种情感困境

他的完美是……你只属于他?

追求幸福要睁大眼睛

在一段感情当中,每个人想获得的都不同,有人只是单纯希望得到一份爱情,有人则希望在享受爱情之余,和另一半拥有共同的目标和生活习惯。你在找寻的可能是一份实在的关系,又或者是虚无缥缈的一种感觉,但无论如何,寻寻觅觅的都是幸福。

然而,一个人在追求幸福时一定要睁大眼睛,以免一不小心成了爱情里的受害者。

事实不像表面那般完美

39 岁的亚黛事业有成,是一家上市公司的市场部主管。她来找我是因为感情问题。

两年前,亚黛遇上了在她眼中那个完美的男人杰明。两人相恋后，杰明每天都会打数次电话给亚黛表达思念，还经常送花、送小礼物给她。每次见面，他都会准备浪漫的惊喜。

对于已经有数年因为忙于工作而感情"交白卷"的亚黛来说，杰明简直是个完美情人！他不仅细心体贴，事业有成，还相貌堂堂，充满魅力。更难得的是，他永远都把亚黛放在第一位。很快，她就被杰明迷倒了，并且深信杰明就是她的 Mr. Right（真命天子）、她的灵魂伴侣。

然而，事实却不像表面那般完美。

有一天，亚黛接到好姐妹来电，约她一同去欧洲旅游。一向习惯了独立的亚黛当下就立即答应对方，并上网订购了飞往目的地的机票，预订了两人就餐的饭店。然而，就在开心期待着久违的休假，计划着这趟难得的旅行时，她得到的并不是杰明的赞同及祝福，而是他莫名的愤怒。

原来，亚黛在没有事前知会杰明的情况下，便独自出国将近1个月。这对杰明来说是完全不能接受的。他觉得女友没有给他相应的尊重。

另一半莫名其妙的怒火，令亚黛十分不习惯。她觉得杰明突然由原本细心、专一、体贴、有礼貌的男友，变成了不讲道理的控制狂。心烦意乱的亚黛只好安慰自己，因为杰明太爱她了，才会有这样紧张、黏人的表现。

但事实上，随着时间的流逝，这种相处方式渐渐发展成为一种习惯，只要杰明发脾气，亚黛的角色就永远是包容的那方。她感觉，两人之间的愤怒和矛盾日益加深。

而在杰明眼中，他的 Miss. Right（真命天女）也变得越来越不合乎自己的要求了。他认为，年近 40 的亚黛根本没有任何条件跟他讨价还价，更没有可能再找到一个像自己一样条件好的男人。他轻易就能把亚黛"吃定"。

为了保住感情，亚黛忍气吞声。面对男友的进逼和无理取闹，她选择让步，甚至矮化自己去讨好对方。

交往短短两年，这种状况一再发生……

来到我面前的亚黛，显得心力交瘁。

爱意轰炸是一种慢性洗脑

可能连杰明自己都不知道，他这种表现在心理学上有个特定的名词——爱意轰炸（Love Bombing）。

早在 2010 年，英国心理学家奥利弗·詹姆斯（Oliver James）就发表了一篇有关运用爱意轰炸应对问题儿童状况的论文。在概念上，爱意轰炸是指以一种系统的方法去影响、操控他人情绪的手法。遭到爱意轰炸的人，无论是态度，还是对事情的看法，都会出现从让步逐渐过渡到屈服的表现。同样的手法不只对儿童有效，在成人身上也行得通。

说穿了，这就是一种慢性"洗脑"技巧。就像当另一半无时无刻不在提及你们的将来，对你诉说甜言蜜语时，你难免会被影响，潜移默化地去选择相信。

爱意轰炸之所以有效，主要是因为人类天生就喜欢建立一种自我感，而且身为社会性群体的人类，更重视从其他个体获得认同。比如，孩童期，希望获得同伴的认同；到了成人时期，工作表现要获得上司和同事的认同；到最后，希望得到喜欢的人认同自己。

但与此同时，这份天性会使人跌入爱意轰炸的陷阱。如果得不到他人的认可，就会产生不安及焦虑，甚至有被排挤的感觉。有时为获得另一半更多的爱和同意，会选择改变自己去迁就，不知不觉迷失了自己。到最后，当有一天无法再盲目地追随对方改变自己，你唯一的下场只会是被分手。

重新找到自己的人生重心

由于问题主要是由亚黛害怕失去，以及过度把对方作为人生中心所引起的，所以心理师要做的就是从旁协助她，帮她慢慢将重心转移，让她回到正轨，在生活各方面重回平衡。

这样说看似很简单，但单凭她一己之力，却是很难办到的，因为她早已迷失其中。因此，我给她制定了一套方案，比如每天进行心理练习，改变一些生活习惯等，以时间慢慢地强化她的心灵，一步步地引导她找寻人生当中除了爱情之外的其他生活着眼点，比如工作、家庭、朋友等。

首先，把自己放回生命首位。

由于亚黛在这段关系中习惯了把自己的位置放到最低，所以我首先要做的是让她重新学会关爱自己，把自己放回首位。只有做到爱自己，才能将爱给予身边的人。为此，我帮她安排了几个心理练习。

其中，第一个就是每晚睡前写出三件自己当天做得好的事，小至因提早出门吃到丰富的早餐，大至老板采用自己的企划案等。养成每晚写下三件自己当天做得好的事的习惯，将有助于她渐渐重拾自信，懂得从多方面欣赏自己。

第二个就是每天要留一两个小时，享受独处的时光，做自己喜欢的事。比如，阅读自己喜欢的书，或泡个热水澡，以满足自己的心灵，平衡身心。

其次，找回关系中的平衡。

由于亚黛面对感情的处理手法已经被严重地扭曲，以为委曲求全并无不妥，所以我需要为她重新制定一系列正常的交往机制及概念，好让她日后面对另一半时，不会再出现因害怕失去而再次矮化自己以获得认同，甚至扭曲自己的人格，做出过分迁就的行为的情形。也就是说，需要让她明白在关系中平衡的重要性。

至于怎样重新制定，其实很简单，但要求亚黛必须时刻检视及自我提醒。

首先，准备一个记事本，列出自己认为理想的交往和相处方式。比如，希望双方每周都有 1 天进行晚餐约会，每天有 15 分钟左右的聊天时间，或者写出给彼此怎样的自由度等。

其次，慢慢地逐一检视，判断在和对方的日常互动中，究竟有多少与自己理想的、觉得舒服的交往方式相违背，而自己是被迫妥协或欣然接受的，当下这段爱情到底是否让你快乐。

就像我告诉亚黛的这句话："不要被所谓的幸福骗了自己，你可能只是扮演着被害者的角色。"

好好地为自己想清楚，你想要的快乐和幸福，是怎样一回事。

心理师的透视镜

追求幸福要睁大眼睛。身处一段对的、良性的、美好的关系里，你是自在、愉悦，感到安定及踏实的。

让你得不断迁就、再也无法开心地笑、让步到退无可退才能保全的感情，只会摧残你。

第 23 种情感困境

通过爱情这面镜子，你看到了什么？

相爱的本质是什么？

人害怕寂寞，可能是女娲造人时早就注入在了基因里，刻入了群居生物的天性。我们渴望爱，希望在夜深人静时，有人能给些慰藉；忙碌工作之余，有人能给一个依靠。但是，你有没有认真想过：相爱的本质是什么？爱情对于你来说又是什么？

我在工作中见过很多来访者，其中有些人为了获得一段感情而不断退让，甚至委曲求全。试问：这样的爱，真的是你日思夜想要得到的吗？

别忘了当初他为何爱上你

曾经有位来访者，她是工作狂，多年来全心全意在工作上打拼，上一段恋情已是 8 年前的事。眼看着青春消逝，37 岁的她不禁有些焦急，开始认真相亲。幸运的是，她认识了一位新男友，再次尝到了恋爱的滋味。

可是，由于她太怕失去这难得的、迟来的爱情，因此变得事事奉承对方，就算是不合理的事也不吭一声，只是默默地配合着、忍受着。最后，男友却没有欣赏她的迁就，反而觉得两人在一起之后，她失去了原本吸引他的那份自主、自信的光彩和魅力。也由于她过分紧张，事事要求男友交代清楚，又常疑神疑鬼，令男友觉得两人越亲近，他反而不再有相识之初从她身上感到的自在。

世事有时就是这样讽刺，害怕失去，才是你真正失去的原因。因为你握得越紧，对方越是觉得透不过气来，最后只好选择离开你，找回自己的自由。

爱情本来就是双向趋同的，靠着两人一进一退、一前一后地不断磨合着来维持。如果只有一方不停地进攻，另一方终有一日会被逼到悬崖边，为了不摔得粉身碎骨，只能选择远离。

表面的好，并不代表一切都好

有一天，我的一位女性朋友菁如突然被男友提出分手。她万分惊讶，忙询问原因。男友只对她解释说："其实，我早感到我们之间有问题，但每次想跟你谈时，你都逃避，一直视而不见。"

她觉得男友根本没把话说清楚。"因为我一直觉得我们两人关系很好啊！为何会有这样的晴天霹雳！"她告诉我。

菁如的男友邵中，我也认识，所以不甘心突然被分手的她，请我与对方聊聊。我约了邵中出来长谈，他吐露了许多长久压抑的心事。我想，他们的问题的确一直都存在，只是有人选择视而不见。

菁如对男友死心塌地。每天不管是午餐时间，还是下班后，她都会在邵中踏出公司大门前，提前到达他公司楼下。在同事和朋友等局外人眼中，她绝对是一百分的女朋友，做饭，料理家务，把男友照顾得无微不至。

最初，邵中真的十分感谢菁如为他所做的一切，觉得自己难得遇到了一个女生对自己关怀体贴，甚是珍惜，还信任地把家中的钥匙交给她。

可惜，人心往往是不知足的。当一切渐渐成了一种习惯、一种模式，菁如的好慢慢被邵中看成了理所应当。加上两人在沟通中难免会有摩擦及不和的时候，争吵多了，邵中又会怀念起当初单身的那份自由。

有时，他和朋友聚餐或一起玩，菁如会要求一同前往，要是不能陪同，就要求他每两三个小时向她报平安。这样的行为让邵中纵使可以和朋友外出也不能尽兴，有如少年时的门禁，心里虽然很想反抗，但深爱菁如的他不知如何说出心中的不满。

然而，到最后，他终于受不了这样的压力，忍无可忍之下，只好狠心提议分开。

表面的好，并不代表一切都好，其实情感的裂痕早就渐渐出现，但因为放着不去管，裂痕变得越来越大，到了发现问题有多严重时，已经回天乏术。

有时，我们可能因为自身缺乏安全感，或是害怕失去，所以宁愿扼杀自由，以情感束缚自我，骗自己说和眼前的这个人生活、相处，一切都很好。对于这种自欺欺人的情况，当事人会以"爱情是盲目的"来使一切合理化。

感性只能维持片刻的热度，然而要维持爱情，还是要融合理智的分析。在恋爱中，还是要觉察及定期检视，发现有不妥、不好的地方，就需要拿出来商讨，需要两人一起面对。甜苦都要吃，不要只看好的一面，那将导致不妥、不好的地方有如癌细胞，不断地暗暗扩大。

好的爱情让人活得更好，你的恋人做到了吗？

在你沉醉于恋情的同时，不管爱得多惊天动地、死去活来，也得冷静下来，问一下自己：这段爱情让你完整了吗？或者，他让你的爱情完整吗？

卑躬屈膝从来都不算是爱。爱是应该爱得自然，不需要因讨好对方而臣服。别被自己定出来的框架限制，更不要因为想被爱而勉强自己。

同时，爱一个人也应该爱得独立。当你陶醉与依偎在他怀里，享受向他撒娇的美好时，有没有想过，你已经变成了他的附属品？你眼中只有他的这一刻，他的存在是让你看到整个世界，还是令你舍弃了你的世界？

每天第一件事，对镜中的自己说："我爱你！"

不管任何人，在爱情当中都有自己的角色。如果他的出现令你成长，使你变得更美丽、更有吸引力，这当然是一件好事。相反，如果你爱一个人爱到失去自我，爱到常常被否定，希望你开始尝试将重点放回自己身上，多爱自己一点。

试着每天早上起床后，第一时间对镜中的自己说声："我爱你！"这是一句简单却充满强大力量的话。这句"我爱你"必定要发自内心，由衷地向自己表达爱意。

不要小看这个行为。有些人看着镜中的自己，却良久开不了口说一声"我爱你"。这是因为，我们都忘记了先爱自己这个根本。

从心理学角度来说，对自己表达爱，是个十分有效的自我鼓励方式。每天照着这个方法去做，多爱自己，欣赏自己。渐渐地，你会发现，在一段感情中，除了对方爱你外，原来也需要包含你对自己的爱，这才能圆满。

腐坏的感情像变质的维生素，多吃无益

如果眼前的感情已到无可救药的地步，建议你洒脱地把这段感情"换新"。也许，放手也是一种解脱的方法，它帮助你离开这片混沌，让其不再继续恶性循环下去。

日后在展开新恋情的同时，你要好好爱自己，提醒自己保持自我，保持你一直喜欢自己的那些个性。试着把生活和爱情两者

混合在一起，试着让自己变得圆满、快乐。那些圆满、快乐并不是因为想挽留某人而不停改变自己。那样委屈自己、矮化自己的感情有如变了质的维生素，多吃无益。

心理师的透视镜

卑躬屈膝从来都不算是爱。爱就应该爱得自然，不需要因讨好对方而臣服。别被自己定出来的条条框框限制，更不要因为想被爱而勉强自己。同时，爱一个人也应该爱得独立。

第 24 种情感困境

为什么你总是爱上同一种类型的人？

你留意过吗？自己或身边的朋友，每次恋爱都容易爱上同一类对象。

你好奇过吗？为何每个新男友都跟前男友"好像"？无论外表或性格……总之，一定有相似的地方。能吸引你的人，身上总是带着某一个特点、某一种模式。就算那个特点、那种模式并不好，你还是会爱上……

你知道吗？其实，一直以来，你的恋爱模式、喜欢对象的类型，都与你的内在性格有关。

以下这四类人，如果其中有你会喜欢的类型，或许可以帮助你从另一个角度去了解自己。

自恋者

特质：迷人，聪明，外形好看，有魅力。

自恋者的这些特质使你好像着魔般被他们吸引过去。不过，一旦和他们谈恋爱，你就得与他们的要求、批判及自我中心不停地进行角力。

自恋者往往有着慑人的吸引力，同时也很危险。他们上一刻可能显得很需要你，下一秒却又与你为了"需要"这个问题而吵架。

米米是个可人儿，外形甜美，身边不乏追求者。回顾她过往的每一任男友，都是高大俊朗、充满魅力的男生。他们的共同特质就是有点儿自恋、自大。

与他们相处后，大家都受不了他们的自大，即使他们拥有帅气的外表。可是，米米却总是一次又一次被这种自恋和自大吸引着。尽管历任男友对她都是若即若离，但米米每回都无一例外地迷上了他们。

恋上自恋者，其实代表了你也有自恋倾向。

身为一个自恋者，常被人误解为你很爱自己。事实刚好相反，你的内心是非常讨厌自己的。你的自吹自擂，你的完美主义思想，你的傲慢，只是用来遮掩你一直不肯承认的那份不爱自己的感觉。

要改善自恋的程度，你需要拿出勇气，花点儿时间与自己相处，尝试去爱自己、欣赏自己。

表现出"我无法再爱"的人

特质：不热衷与你见面，永远有大量借口搪塞。相识不久便很快承认喜欢你，却总有种种理由推说自己不是要长久的恋情，不会跟你确立关系、成为恋人。

在一次朋友聚会上，家进认识了美文。家进对她一见钟情。有点儿冰山美人感觉的美文看来是不易亲近的样子，但是多聊几句以后，她很快就变得热情。当晚，他们聊得很高兴，还交换了联系方式。

之后，家进主动发信息给她，两人互动得还不错。然而，每当家进想邀美文出来，美文都以忙碌为由拒绝。家进表明心迹，想认真发展，美文却表示不想在情路上再受伤，不愿确立恋情。

一个表现出"我无法再爱"的人，往往是由于内心深处以为自己不配被爱。你之所以会对自己有这样的认知，可能是因为过往的一些经历，比如有一个人在你最需要支持时不在你身边，或者你经历过被虐、被忽视。

要走出这种认知困境，首先必须直面对你做过以上行为的人。如果可能，问问他为何那样对待你。要知道，你没有做错，不应该承受那些，那不是你的错。没错，要踏出这一步是很艰难的，但继续逃避，伤口就永远不能愈合。就算未能面对面跟对方沟通，也可以试着把当年对方对你做的事写下来，并写出当时的感受，这个做法也有助于纾解你多年来的抑郁。

坦然面对，有助于你宽恕对方。你不一定要原谅。但是，你可以试着宽恕，因为这其实是在宽恕你自己。如此一来，你才有机会重新吸引对的人，真正安心地享受被爱的感觉。

怕做出承诺的人

特质：常常换伴侣，不曾结过婚。有许多借口解释为何自己没有遇到对的人，常说自己需要很多时间才能定下来。每次问关于将来的事，都只会说"总有一天"。

慧欣是一个渴望结婚的女人，但每每她交的男友都像没有脚的小鸟，只能一直飞翔，停不下来。他们虽然声称自己很爱她，但一谈到将来就回避。而每一次以分手收场，都是因为慧欣催婚，急于问对方有关两人的未来。周而复始，慧欣觉得爱得很累。

爱上怕做出承诺的人，其实凸显出了自身的不安全感，对他人充满了依赖。自身的不安全感，使你对爱情充满了渴求，非常需要伴侣，非常希望得到关注。你在前几段恋爱中往往是突然被分手，一直无法接受，进而对之后的恋情缺乏安全感。

所以，如果你想遇到一个肯做出承诺的对象，自己就要先成为有安全感的人，增加对交往对象的信心。这样，你才可以吸引到能带给你安全感的人。

逃避型恋人

特质：表现爱的方式是"我爱你，但更怕失去你"。

逃避型恋人往往对爱情抱有一种负面情绪，以洒脱包装自己怕失去的想法。一旦失去，就当起先知，表示"我早知道了"，看待爱情更负面和不信任。就是这样不断地在人生中拾起一段关系，然后又狠心地把它丢弃一旁。

小雪和彼得因为工作认识，两人由朋友关系开始，慢慢培养了感情。小雪感到彼得是喜欢她的，但他老是装出一副无所谓的样子，在她面前表现得非常冷静，一点也不热情。这令她很困扰，觉得很难猜出对方的心思。然而，自己又越来越喜欢他，觉得彼得就是一个需要她爱的人。

爱上了逃避型恋人，也代表着你在爱情中往往过度自我保护，害怕一旦投入太多，最终只会让自己受伤。你以为像鸵鸟般逃避就能免受情伤，其实这就如小朋友闭上眼睛就以为烦恼不存在一样幼稚。不管你怎样逃避，爱情、心痛与伤疤仍旧落在你心里。你并不是不懂得爱人，只是不了解怎么去相信对方真心爱你，不会伤害你。

请你试着对另一半说出自己的不安，分享自己在感情当中出现的疑惑。袒露脆弱，反而有助于卸下过度防卫的心防，好好解决问题。

记住一点：感情的基础在于沟通和信任。你不说，别人是不会知道的。如果真心爱对方，请好好尊重对方知道真相的权利，用心去爱。

心理师的透视镜

　　爱上一个人，就像照镜子，每个人其实都是在跟自己恋爱，那是你潜藏的自我期待，或者匮乏的、渴求的……爱与被爱的历程，也是了解自己的旅程。

第 25 种情感困境

你是爱他，还是习惯有他？

觉悟就是人生的新开始

茫茫人海，两个原本各不相干的陌生人由认识，继而相爱，如此微妙的化学过程，就如造物主用了 7 天造出天地万物一样神奇。

我从来都不相信单靠缘分就可以把两个人拉在一起。能够确定的是，爱情是需要用力维系的。一段爱情在慢慢变质，可能意味着两人的相处方式暗暗地出现了改变。是时间久了感情淡了，还是都只存在习惯，从来都没有爱情？这需要你自己去认真研判。

我收到一位叫梅莉的读者的来信，她在信中分享了和男友在一起 3 年，终于觉悟自己其实并不爱男友，只是习惯有他，但是对于分手，她又感到犹豫和不安。

或许，你要说，熬了 3 年才有觉悟啊，投入的时间都浪费了。其实，无论 3 年，还是 10 年，都不算浪费。觉悟就是人生的新开始，无论梅莉最后决定怎么做，都带着她对双方关系的全新理解继续向前走。以下是梅莉来信的全文。

因了解而选择离开

隼人：

你好！

事情是这样的：我与前男友交往了 3 年。我们是从朋友变成情侣的。3 年来，彼此间的争吵越来越多，我知道自己脾气不是很好，他也不遑多让。

他对我一直不错，但只要吵架，马上变成了另一个人，会不耐烦，甚至说的每一句话都带刺。那些带刺的话刺得我好痛。他总说，是我把他的耐性磨光了，是我让他变成这样的。

1 个月前的争吵，他又讲了让我难以忍受的话，最后更抛下了一句"不爽可以走"。我很清楚，他是看轻我。因为之前吵架时，我曾哭着说不想分手，是我让自己处于这么卑微的境地……

过去这 1 个月，我们没再联系，他没找我，我也没找他。我极力克制自己，逼着自己不去找他。我跟自己说，不可以哭，只有坚强了、看开了，才能有自己的新人生。

走到这里，我发现，我是因为了解才选择离开，也才明白其实以前我并不了解他。

我错了，我做了错误的决定，不该因为寂寞而让他牵手。他真的对我很好，只是我无法承受他的言语伤害与脾气。

我错了，我不该让自己在他眼里看起来如此卑微，弄得他觉得自己才是王。我不爱他，我只是习惯生活当中有他……

现在，我想时间会让我习惯没有他的生活。

你觉得我做得到吗？

梅莉

× 月 × 日

靠别人给的不是快乐，只是施舍

梅莉：

你好，谢谢你的分享。看到你所写的情况，我相信很多情侣也会碰上类似的困境。

首先，我想说的是，要靠别人给予的，从来都不是真正的快乐，只是施舍。

为什么这样说？要理解这句话，你需要厘清以下两个问题。

第一，在这段关系中，你存在的价值是什么。

你说你和前男友在一起是因为他对你好，因寂寞而同意他牵起你的手。世上寂寞的人不只有你一个，你却选择了用他的爱去消磨寂寞，以他对你的好来换取快乐。冒昧地问一下：你懂得快乐吗？知道恋爱的真谛是什么吗？

依赖别人对自己好而欢笑，这样的人根本不懂得什么是幸福。一直只是取得好处而不去付出的你，在这段关系中的存在价值又是什么？只因为他对你很好而走在一起，以此维系一段感情吗？

这能是爱的理由吗？

请你好好思考一下：什么是真正的爱？爱带给你的，又会是什么样的层次？

另外，前男友在和你吵架时会口出恶言，这其实是令人不能接受的。不管是刚分手的前男友或未来的其他对象，基于对人的基本尊重，也不应该不受控制地恶言相向。伤人的话一旦说出口，不仅很难收回，还会使对方内心受伤。或许在吵架当下，他情绪激动，你想制止他也未必可行。但是，在双方冷静后，你必须向他表达你的感受，让他明白你有多难受，并告知他，如果下次他再这样侮辱你，你是不会原谅他的。

第二，爱是身心相契，不是满足需求的手段。

我不喜欢讲什么大道理，只是当今社会很多人每每在未付出之前就计较收获。如果同一个方程式套用在爱情上面，你只会因为害怕失去对方而不停焦虑。

当另一半让你依赖，不管是精神上的，还是物质上的，这个人在你的人生中都渐渐会扮演一个很重要的角色。这一刻，主导权其实已经暗暗落到对方手上。你唯一可以做的，只是抱着既期待又怕失去对方的矛盾心情活下去。更有甚者，你的需求越是贪婪，就越会让自己变得更加卑微。当有一天到达临界点，对方会觉得你令人厌烦，渐渐疏离你。

一旦你陷入这份无法自拔的依赖当中，就有如跌入泥淖，万劫不复。直到有一天，遇到另一个可以满足你对幸福贪图欲望的人，你便会又一次地跌入这个循环中。

假使只有物质上的满足，你还是会觉得心灵上有缺失。如果你不爱身边的另一半，只索取而不付出，终有一天会将身边的爱消磨净尽。

厘清这些，你就可以进行下一步了。请试试与自己的内心对话，了解自己真正想要的是什么。

取出纸和笔，列出下面的内容：

• 你理想的爱情是怎样的？

• 你理想的对象要满足什么条件？

……

经过不断添加或删除，经过反复思索，最后你就会明白自己真正追求的是什么。

两个有着不同生活习惯的人走在一起，总会有各种摩擦。每段感情都需要磨合期，千锤百炼得出来的才会是真爱。

我也明白，人会寂寞，想有人陪伴，但别以为只要是两个人在一起就一定精彩。晴雨之间，总有转折。

最后，请你扪心自问：你真的快乐吗？

隼人

× 月 × 日

心理师的透视镜

靠别人给的不是快乐，只是施舍。请试试与自己的内心对话，了解自己真正想要的是什么。两个有着不同生活习惯的人走在一起，总会有各种摩擦。每段感情都需要磨合期，千锤百炼得出来的才会是真爱。

> 第 26 种情感困境

是不是我不够好，所以他抛下我娶别人？

我以为我能改变他……

隼人：

你好！

我今年 27 岁。这件事困扰我很久了。跟他分手有 4 年多了吧，但我一直放不下，时常还会想起来，然后一直哭。

他是我的初恋，那时候我 22 岁。他的身份证上是 24 岁，但他说那是假的，他已经 27 岁了，并说他离过婚，父母早逝。刚认识时，他说为免我吃"飞醋"先告诉我。他人缘好，有很多姐姐。我不是很聪明的女生，甚至可以说是无知。对于他说的话，虽然一开始半信半疑，但我最后还是全盘接受了。

那时，他一个人住。好几次我去找他时，发现有不同的女人在他家，他都说是干姐，很照顾他。我知道，他的手机是其中一个干姐送的，但我不想追问。也许是不敢问吧……

他养了一条狗，平常很疼爱它。但后来我发现，他心情一差，就会强灌狗狗喝烈酒！我觉得很恐怖。加上那些女人的事，我想分开。可是，每当我提分手，他就会讲出一些很在乎我的话，甚至哭着求我。于是，我又心软回头。

不知道怎么形容那种感觉，他好像是希望我能改变他。他让我觉得，自己可以当他的救世主，心疼他是因为日子不好过才变成那样。但显然，跟他相处的过程让我受伤了。

我们是怎么分开的呢？其实，是他突然人间蒸发了，换手机，没去工作，还搬了家。我想找他，却惊觉他的朋友我一个都不认识！想尽办法联系上他以前的邻居，才知道……他跟一个越南女人结了婚，还有了小孩！我震惊到说不出话来，同时也死了心，没再联系。

后来巧遇过他一次，我们都装作不认识对方。但没过多久，他竟发信息来联系我。我只觉得这个人是不是脑筋有问题啊！

他是爱情骗子吗？或者，是不是我不够好，他才抛下我去娶别人？我真搞不懂为什么自己就是放不下，好像这几年来都想寻求某个答案……

小慈

×月×日

是你选择不去看清事实

刚刚接触感情咨询领域的时候，常听一位前辈戏谑地将爱情比喻为一场赌博，我认为这个比喻很恰当。只不过这场赌局，胜出的概率从来都不是一半一半，因为我们投下的每颗筹码，都充满了青春流失和心碎受伤的风险。

然而，当局者迷，恋爱中的人总觉得自己一天不离场，便有翻本的机会。当情况跟期待不符，就希望能改变对方，让收获与自己的付出成正比。可惜就像小慈所经历的，现实并非如此。

1年多的恋情，困住了她4年，因为初恋是最令人刻骨铭心的，更因为她选择不去看清事实。于是，在回信里，我决定直接用当头棒喝的方式，敲醒沉溺在爱情幻梦中的她。让她问问自己：你是沉睡的，还是清醒的？

何必为了不值得你爱的人伤心

小慈：

你好！

看完你的故事之后，我第一个感觉只有替你伤感，伤感于你在为一个不值得你爱的男人难过。

我不想在这儿讨论你的前男友是不是骗子，因为单方面下结论，其实对他有点儿不公平。可是，从你对他的描述来看，显然他存在一定程度的情绪困扰和心理问题。这可不是一朝一夕造成的。他的家庭背景、儿时经历等，都一直影响着他的成长。

你以为自己能用爱改变他，但他希望改变吗？

从心理学角度来看，要改变一个人的行为并不容易。单单养成一个小习惯就已经要21天的时间，更何况你现在说的是改变这个二十多岁的人。

很多女生都跟你一样，出于天生的母性，面对喜欢的人时更容易母性泛滥，对另一半产生过多的同理心。这一刻的你内心有着可以举起地球的力量，只不过我想问你：对方是否希望改变呢？

事实是，只有你单方面为他着急，而没有对方的配合，是不能改变任何事的。救世主不容易当啊！

所谓不舍，只是不愿面对现实的借口。

你说自己无知，其实当一个人面对爱情时，他往往会变得盲目，失去理智，难以做出抉择和取舍，事事把对方放在第一位。你要明白，不只你一个人如此。

你说你想寻求一个答案，但你的问题是什么？想问他为何欺骗你？想问他为何结婚没通知你？想问他为何这样那样？

到了这一刻，答案已经不重要了，事实是眼前这个男人已经不再爱你，已成为别人的丈夫，你要面对这个现实。

现实是痛苦和残酷的，任谁都不能否认，但这是一份体会，也是一个让你成长的过程。无论你以什么态度生活，时间每分每秒都在流逝，不会因为你的内疚、执着而停顿或倒流。你才27岁，还有着无限的将来。

事情已经过去了，浪费的光阴回不来了。何必仍执着于一个已经不爱你、不再归属于你的男人，浪费自己的青春呢？不要再给自己找借口，是时候该放手了。

好好与自己相处，好好以爱滋润自我。

遇上一个已经不爱自己的人，你不需要责怪及质疑自己做得不够好。一段感情出问题从来都不是单方面的，对方也有一定的责任，你不用独自承担。如果检视过自己在这段感情上有做得不妥的地方，就把其当成学习的一部分吧！这可是成就下一段恋情的宝贵经验。

世上每个人都是值得拥有爱的，也包括你对自己的爱。尝试多爱自己一点吧！过去你可能为他忽略了自己，现在是一个好机会，让你好好与自己相处，好好以爱滋润自我，使自己更加有吸引力。当逐渐把焦点拉回自己身上后，你会慢慢看清一切，并发现有许多事都放得下了。

如何活在当下，才是最值得你去思量的课题呀！

隼人

× 月 × 日

心理师的透视镜

对于没有结果的恋情，我们忍不住追问"为什么"，想寻求一个答案。但是，到了这一刻，答案其实不重要了。直面不再爱了的事实，你才能活在当下。

第 27 种情感困境

爱情长跑多年，婚前他却疑似劈腿，我该怎么办？

爱情关卡里的大魔王

"心理师，怎么办？这次我该彻底分手吗？"

小惠来到咨询室，带着对 8 年爱情长跑的心灰意冷。原本快结婚了，却因一次突如其来的重大冲击，她被迫离开了未婚夫。

"两个星期前，我无意间听到他在和一个女人通电话，说……说……想看她穿丁字裤！当时我像被雷劈到，整个人瘫软了下来，实在不知道怎么办。

"我们在一起 8 年了啊！双方家长都见面了，都谈好了婚事的细节，现在却发生这种事。他哭着要我相信他，发誓他没有做对不起我的事，但每当想象他和别的女人调情，内心实在很难受。我觉得自己为他付出再多，他也不珍惜。我还要跟这种男人继续下去吗？

"我内心放不下，可是又怕就算在一起，以后也会出现同样的问题。我们曾经分手两次，因为两人脾气都很火爆。有时我会想，是不是我脾气不好才让他变成这样的。我该怎么办？"

没有人希望遇到这样的难题，但是交往时间拉得越长，遇到的关卡也越多，而最难闯过的就是这种（疑似）劈腿的"魔王关卡"。如果你是小惠，该从何处入手呢？

你要看见过去两度分手的问题的核心

试想，8 年了，一个女人用了 8 年的青春在一个男人的身上，原本以为结局一定是两人美满地结婚生子，幸福到老，谁知原来自己一直爱着的人竟有另一张脸。试问，就算这次你决定相信他，但下半辈子你可以睁一只眼、闭一只眼吗？他叫你信任他，说没有做对不起你的事，难道这 8 年的信任还浪费得不够吗？你真的要等到捉奸在床才死心？

我明白，要淡然离开已经在一起 8 年的男人一点也不容易，但日子再难过也要过。相反，你应该庆幸的是在结婚前发现他的真面目。

你们之前已分手了两次，这两次的经验有令你们进步吗？复合后，到底有没有真的修复了当初引起分手的裂痕？问题的核心真的是大家性格不合，大家都脾气火爆吗？

你要想清楚，到底这两次复合后，大家有没有真正改善，感情有没有进步及升华。在明白了问题症结的同时，有没有好好地冷静一下，找一个彼此都觉得可以接受的改进方案。

如果复合后过了一段时间，彼此的陋习又再一次故态复萌，那也证明了两人实在不能勉强在一起。

你不用把责任扛在自己身上

你觉得是自己让他变成现在这个样子，但其实没有一个人可以真正改变另一个人。

从心理学角度来说，人的性格是伴随着成长和人生的经验塑造的。虽说你们在一起的日子有 8 年之久，但是要使一个人改变，最重要的还是他的个人意愿及决定。如果他并没有想改的决心，哪怕你再努力，再给多少次机会和支持，他也不会改变。

我们无法强行改变他人，所以你也不用把责任扛在自己身上。

延迟婚期，给双方喘息的空间

要就此放手，确实不易。建议你暂且延迟婚期，给自己一些时间，同时静静地观察他。不妨提出一些彼此都可以接受的方案，比如两人保持着朋友的关系半年，看看退后一步的感情会不会有所改变。

有时，把一段拉得很紧的感情放缓，给双方喘息的空间，会让彼此的情绪得以调整。双方在这个最紧绷的时机退回朋友关系，是一个机会，让两人都能好好想想往后的路该怎么走，想怎样走。

最重要的是，千万不要动怒。愤怒时最易说出伤人的话，把话说得太绝，就再也收不回来，况且也不会解决问题。

如果要与对方倾诉或商讨，一定要平心静气地告知你对他的感觉，以及这件事对你的影响。若他也想挽回，重拾你对他的信任，必然会有所改变及行动，让你安心。若他还是觉得自己没问题，你们之间没问题，相信你也会知道要怎么做。

面对问题，而非带着问题委屈隐忍

爱情要经得起时间历练，才可以长久、升华。在爱情长跑中，双方更会面临大大小小不同的挑战和难关。没有人能保证你的爱情可以顺利闯关存活，而且正如小惠的担忧，这次的关卡通过了，不代表没有下一次。

我十分欣赏小惠选择走出来面对的勇气，也为她放下了心头大石而感到骄傲。能如此忍痛自我检视，而非带着未解决的信任问题委屈隐忍，无论最后是否分手，都是慎重处理后的决定，并非一时冲动。

❦

心理师的透视镜

爱情要经得起时间历练，才可以长久、升华。在爱情长跑中，双方更会面临大大小小不同的挑战和难关。爱情出现了问题，你不用把责任全扛在自己身上。勇敢地面对问题，而非带着问题委屈隐忍，才是聪明的做法。

肉体出轨与心灵出轨，哪个严重？

柏拉图式的爱恋

凯丽和文生结婚 5 年了，一直都很恩爱。他们不想生小孩，很享受自由自在的二人世界。他们从没想过，婚姻会出现这段意外的插曲……

半年前，文生跳槽到一家新公司。渐渐地，凯丽发觉文生对她的态度有点儿不同于以往，变得常常挑剔她、抱怨她。虽然疑心与丈夫的新工作环境有关，但凯丽并未直接质问，而是不动声色地旁敲侧击。随后，她得知他与同组的一名年轻女同事走得很近。

其实，文生也察觉自己对妻子的感觉起了微妙的变化。女同事带给他新鲜感，他很欣赏她，觉得那个女孩从相貌到性格都是完美的。虽然这些都止于精神上的幻想，并没有付诸行动，然而不知不觉地，当面对妻子时他便不自觉地挑剔起来，甚至有时鸡蛋里挑骨头，让凯丽感到既受伤又委屈。

幸好 3 个月后，女同事离职，中止了文生将这份柏拉图式爱恋转化成肉体出轨的机会。文生对女孩的幻想也随着她的离去渐渐消失。而对凯丽来说，虽然丈夫心灵出轨使她很难受，但也使她反思起自己的婚姻是否失去了火花，少了彼此表达爱的互动。

纵使那起心灵出轨的小风波如船过水无痕，但她还是选择主动提出，与文生把事情摊开来谈。这件事促使他们两人进行了更多的沟通，也促使他们彼此关怀，令双方感情再度升温。她也庆幸文生没有肉体出轨，不然她是绝对不会原谅对方的。

两性对于出轨的看法不同

我曾被不少人询问过：肉体出轨与心灵出轨，到底哪个比较严重，哪个更令人无法接受？

这个问题其实没有确定的答案。答案是哪个，完全取决于每个人的价值观。比如，你觉得什么程度才算是心灵出轨呢？走在街上看俊男美女算吗？

严格来说，心灵出轨在每个人身上都曾发生过，像是在街上见到有吸引力的异性，幻想便随之而来。肉体出轨则是为了原始的满足和欲望。

当然，我们在这里所谈的心灵出轨并非那么单纯。我会说，一旦心灵出轨了，若继续发展下去，随之而来就是肉体出轨的情节了。

在此，也牵涉到两性对于出轨的接受程度及看法。

大多数男性较不能接受女性肉体出轨，因为男人天生对女人身体的占有欲及控制欲较强。女性则更不能接受心灵出轨，因为她们重视心灵、精神上的占有，仅能接受男生心里只爱她一人。

问题是，一个人在肉体出轨前，他的心其实已经先飘远了。如果察觉伴侣有心灵出轨的迹象，你并未制止，也未与对方商讨解决方法，只是纵容或逃避，结果就是心灵出轨进一步演变成肉体出轨。

凯丽选择与丈夫摊牌，进行开门见山的沟通，是很有智慧的做法。

当伤口发炎，长了脓包，甚至溃烂……

要维系感情，首先要做的是沟通及尊重。认真倾听对方，互相坦诚地表达自己真实的感觉和想法，才是最重要的。许多时候，感情危机其实都源于生活上的一些琐事。当彼此的抱怨多了，矛盾逐渐增加，危机就来了。

无论是哪种层面的出轨，等到被对方发现时，要挽回往往已太迟，双方之间的问题已如伤口发炎，长了脓包，甚至溃烂。要是对方已爱上别人，即使最后你们的感情得以挽救，对方已获得你的原谅，但彼此心中还是会有根刺。由于信任度已经下降了，双方必须投入更多努力才能修补关系。若没有这层觉悟，倒不如放手，不要为难自己。

心理师的透视镜

　　许多时候，感情危机其实都源于生活上的一些琐事。要维系感情，首先要做的是沟通及尊重。认真倾听对方，互相坦诚地表达自己真实的感觉和想法，才是最重要的。

第 29 种情感困境

吵架冷战了，我要不要哄她？

你以为让她冷静一下，就没事了？

一对恋人吵架后，陷入了冷战，很容易僵持在以下的状态：一个以为对方不会走，另一个则以为对方会挽留。然后结局呢？冷战持续下去，大家互相不理不睬，渐行渐远……很快，一段感情就此结束。

少杰与女友苹安感情很好，别说冷战了，两人连吵架也很少。他从没想过竟然会因为一次冷战而失去心爱的人。

公司派少杰去欧洲出差，整个 9 月都得待在那里，而苹安的生日偏偏就在 9 月。

少杰因跳槽到新公司，大半年来可说是没日没夜地埋头工作，虽然因此几度临时对女友爽约，但他都觉得自己是在拼事业，更何况也是为了他们的未来。从他的角度看来，既然是为了他们的未来，苹安应该会体谅。

但是，对苹安而言，她只觉得自己越来越受冷落，多次想找少杰好好谈谈，可是他都爽约了。就快到自己的生日了。以往每年过生日，少杰都会精心为她准备惊喜。今年两人的关系似乎有些冷淡，她想或许能借由这个生日做些修复。就算少杰再忙，起码会记得在出国前，提早帮她过生日吧……

出差前的准备工作占去了少杰所有心思，满脑子只想着"9月要去欧洲"，根本忘了9月还有另一件大事——直到临出国前，两人通电话。

"你后天要出国了，1个月，时间好久……"苹安欲言又止，等着男友回应。

但少杰只说："对呀！还有好多事情要忙，整个9月都会好累。我在欧洲会想你。"

苹安终于忍不住了："那你还记得我的生日在9月吗？"

他竟然完、全、忘、记、了！

苹安发了有史以来最大的脾气。没有办法，第二天，少杰只好硬着头皮向公司请假数日，延后出发，甚至愿意自费买机票赴欧洲。但由于这项业务一向都是由他负责，再加上对方是重要客户，实在不容有半点闪失，所以公司退回了他的请假单。

少杰赶紧打电话给苹安。她听了解释，不但没有像他所想的那样给予谅解，反而直接挂断了电话。少杰改为发信息，然而直到隔天出国后，发出的多条信息都石沉大海。他开始忙工作，想着等10月回国后再找苹安好了。1个月的冷静期正好能让她消气，到时再好好解释一番，应该就没事了。

1个月转眼就过去了，少杰当初想象的复合并没有发生。在那1个月中，他甚至连女友的消息也没有。对于他发出的那些信息，苹安没有任何回音。

心急如焚的少杰虽然下飞机时已是半夜时分，但是一出机场就马上去找苹安。他坐了1个小时的车，来到苹安家门外。前来应门的苹安，反应却是前所未有的冷淡。

原来，在她看来，少杰根本不珍惜两人之间的感情。即使在"冷战"期间，他仍旧忙工作，没有要挽回她的心意，而她的心也在这个月内绝望地冻结了。

无论少杰说了多少情话，流了多少眼泪，这段感情已经无法"起死回生"。

损人不利己的冷战

冷战，其实是十分低效率的。刚开始时，可能只是双方都不想认输。当时间一拉长，（通常是）女方发现对方并没有挽留，这一刻她想："原来，我对他来说一点都不重要了。"男方往往以为，等对方冷静下来就没事了。其实，这是大错特错。

一有时间冷静，女性就会变得越来越理性，会认为伴侣真的不想挽留自己，原来自己在他心中那么不重要，进而产生分手的念头。而且，这个念头是经过认真思考的，不是一时之气情况下的想法啊！所以，若没有要分手的念头，吵完架后，请你主动去哄哄对方，给对方一个台阶下，而不是"冷战"。

如何化冷为热

首先，直接打电话，别怕被"打脸"。

有人会提议："如果是我，女友不理我，我怎么也得打上 10 次电话啊！让她看到有这么多未接来电，她内心肯定会欣慰，觉得男友是在意自己的。"

这确实有点儿用。当她怨气正盛时，肯定不想轻饶你，要惩罚你一下，所以她可能不会接电话，你要耐心等待，她会慢慢心软。而当她情绪缓和下来肯与你通电话时，你可以真心真意地求和，先检讨自己的问题，向她认错，再进一步沟通双方之间的问题。

其次，发信息，别怕主动示弱。

要是她不接电话呢？你还有文字可以运用，发信息给她吧。

就算未获回音，也可以持续发信息表达关心，不一定非得有事才找她。就算没事，也可以写几句简单的心情。比如，"也没什么事情，就是想你了。我的内心空落落的，想和你说说话。你可能还在生我的气吧？我希望你对我有什么不满直接告诉我，责备我都没关系，总比不理我要好。之前冷战是我不对，我现在知道错了。"

不要怕主动示弱，让她看到你一直在真心实意地挽留。她的目的不是分手，而是想看到你的态度改变。当她的目的达到了，你们便能开始慢慢修复关系，这个过程可能需要好几周。

爱的反面不是恨，而是冷漠

你可能记得上一次是何时冷战，但未必记得冷战的原因吧。一个小小的冲突就能使得双方产生争执，而后衍生为冷战，情人间难免如此。然而，冲突、争吵、冷战，这三个过程只能在同一天内完成，不要过夜，否则气难平，只会将伤害无限放大。有矛盾，建议当天解决。

分手往往都不是吵架导致的，冷战比争吵更可怕，更伤感情。因为吵架才是暴露问题、解决问题的过程，冷战却是断绝沟通。争吵是带有情绪的，正因为你在乎对方才会有情绪。如果没有爱了，连吵都懒得吵。真正决定分手的人往往会说"你很好，是我配不上你"之类的空话。他不爱你了，最后连指责都懒得说。

由此可见，如果一对情侣仍吵得起来，就表示这段感情还是有救的，因为爱的反面不是恨，而是冷漠。

先让她静一静，然后……你们可能没有"然后"了

若你们是因为一些很难接受的事情大吵一架，比如一方和别人有暧昧，甚至劈腿，那就考虑直接放手，不需要哄了，否则只能是勉强自己，也勉强对方。这样的事情发生，双方的感情就已经变质了。若非双方都有心挽回，是不可能和好如初的。

如果只是因为性格、习惯磨合产生的矛盾，请先安抚对方的情绪，再平静地表达你的想法。因为情绪激动时，对方是听不进

你的话的，只会觉得你一直在对他/她吼（即使你语气平和），当然不会认真听你说。

总之，别想着可以冷处理。吵架之后，女人最害怕的便是男人就此放弃，她可能一个人默默地在被子里哭泣。如果你突然没有回音了，她只会觉得你连哄都懒得哄了，她越哭越伤心，越绝望。你想"先让她静一静，然后……"，然而拖着拖着，等她冷静下来，可能就是没有"然后"了。

会主动求和的另一半，请你好好珍惜

或许男人会感到委屈："为什么都要我主动求和？我也需要人哄啊！"

吵架后，应由谁先认错、求和？这点当然没有绝对的答案。就像网络流传已久的"爱妻守则"第一条"老婆永远是对的"，有不少女孩认为，无论如何都应由男方先主动认错，这表示他有风度，重视自己。但也有人觉得应该公正一点，谁犯了错，谁就该先认错、求和。

其实，无论是男生主动求和，女生主动求和，其中最重要的一点就是：每个人都有自己的底线，没有一方能够长期无底线地去哄另一方，主动求和。

主动道歉这个行为，与一个人的自尊有关。明明刚刚吵到面红耳赤，特别坚持己见，现在开口谈和，不是完全推翻了自己刚才的道理吗？这实在是一件很困难的事。

如果你身边有会主动求和的另一半，请好好珍惜吧！因为对方真的把你放在比他／她的自尊心更高的地方——你比他／她自己更重要。

心理师的透视镜

冷战比争吵更可怕，更伤感情，因为吵架才是暴露问题、解决问题的过程，冷战却是断绝沟通。如果遭遇了冷战，请千万不要采用"先让她静一静"这种方式，因为很可能双方就没有"然后"了。另外，会主动求和的另一半，请你好好珍惜，因为对方把你放在比自尊心更高的地方。

第 30 种情感困境

失恋，会让人悲痛欲绝吗？

痛苦若分为十级，失恋是第几级？

"失恋，到底有多痛？"在每个月一次的闺密聚会上，刚与男友分手的婷婷幽幽地提出了这个问题。

简单七个字，要给出一个答案却如此之难。三个女人的叽里呱啦因这句提问而变得鸦雀无声，原本热闹的气氛，顷刻间沉寂下来。

打破沉默的是贝儿，她问："如果做一项痛苦程度排名，生小孩是最强的十级痛楚，那么失恋会是第几级？"

"那当然不一样。生产是肉体痛楚，过后就没啦。失恋却是精神上的折磨，不知何年何月才会复原，也有可能永远都不会复原。"当了妈妈的欣欣解释。

三个都曾经历失恋的女人，这一刻有如遇上一个哲学问题，又或者因此被带回到过去。大家不约而同地静静地低下头喝冷饮，仿佛希望以那股冰冻的刺激压抑住冒出来的痛楚回忆。

心碎，让人"置之死地而后生"

一段感情的诞生是情感关系中最令人向往的，恋人们千方百计地想要将快乐时刻无限延伸。当小心翼翼呵护的感情之花慢慢枯竭，最后死亡，那椎心之痛实在不是单以三言两语表达得出的。

有人说，失恋会心痛，犹如撕心裂肺般的痛，再痛下去会痛到心碎，那真有可能会痛死啊！别傻了，心碎后当然是不会死的。心碎反而会让不少人"置之死地而后生"，像打游戏时失去一条命后，便可以把一切推倒，重新再来。

处理失恋的方式有千百种。失恋后，你可以不睡不吃，哭泣至天明，但明天过后，最多让你请一天病假，然后还是要继续上班。

以工作麻痹自己？只是延迟痛苦再现

失恋后怕无心工作？这倒可以放一万个心，现代社会的生活节奏，我想大概率已经没有空间和时间令你分心。面对着堆积如山的电子邮件、文件，加上一个接一个的会议，这一切只令你身心俱疲，但也正好是这种累死的感觉，平衡了你失恋的痛楚。

不过，如果你想以工作麻醉自己，摆脱失恋的感觉，或者将痛苦中和一下，表面上好像行得通，但实际上只是一种将痛楚推迟的做法。

当日子一久，那份潜藏着的伤感等负面情绪始终还是需要发泄出来，要流的泪总归要流，以免造成心灵的阻塞。加班后，你拖着没有灵魂的身体回到家中，然后发现自己疲惫至极却仍然睡不着，而心碎的感觉就偏偏在宁静的深夜时分渗出来。心痛加上疲倦，实在让人痛不欲生。

想哭就哭吧！这是失恋者的基本权利

面对失恋，最重要的是真正去面对，而不是逃避。

情绪是需要释放及过渡的，一直存在体内只会有害无益，就像颗不定时炸弹，只是你不知什么时候会崩溃爆发。

失恋后伤心欲绝，伴随着失望、低落、思念、后悔等种种情绪，一旦它们浮现，我们反而要承认自己就是这样伤心，不用假装坚强，诚实面对自己内心的感觉，想哭便哭。当面对自己最真实的感觉后，你会发现，放下也变得容易了点。

所以，当你想哭的时候请尽情痛哭，这是失恋者拥有的基本权利，心痛的感觉会随着泪水一起排出体外，使情绪得以排遣。

有一天，你再也不哭了，就代表着你的心痛已得到了平衡，不用多久又是一条好汉了。

最好的爱，还在路上

请记住，你虽然失去了一个你爱的人，但并没有失去那些爱你的人——你的朋友，你的家人，以及你自己。

时间当然没有在你沉沦于失恋之痛时停下来，很快你就会发现，原来自己身上的爱并没有因此而缺少，只是对你来说，最好的尚未来临。

心理师的透视镜

处理失恋的方式有千百种，以工作麻痹自己，只是延迟痛苦再现，让痛苦变成了不知道什么时候要爆炸的炸弹。所以，想哭就哭吧，这是失恋者的基本权利。其实，哭过之后，你会发现，你并没有失去那些爱你的人。对你来说，最好的爱，还在路上。

第 31 种情感困境

失恋的哀伤，如何拯救？

既然对方已经放手，为什么你还回头看？

朋友被另一半抛弃了，心碎的她两杯酒下肚后，黯然说道："我居然曾经和那种绝世'渣男'在一起过，真是令人恶心……"

分手之后，我们常觉得自己当时是不是瞎了眼睛，竟然会盲目地爱上这么一个不该爱上的人……但扪心自问，在分手之后埋怨自己眼光差，过去爱错了人，这份痴心错付的无奈耿耿于怀有什么意义呢？

不知你有没有听过这句话——"你不是非要谁不可，不会因为失去谁而不能活着"。这不仅是自我勉励或安慰，还是千真万确的至理名言。既然对方已经选择把你放下，为什么你还要回头看，给自己的生活硬套上这样的噩梦？

失去所爱，有时确实比死更难受。但既然已成定局，再花力气去讨厌对方，也只是在折磨自己。

小娴的噩梦

小娴和胜宇是甜蜜的一对，朋友们也早习惯了两人在眼前秀恩爱。交往满 3 年的那天，胜宇求婚了。对小娴来说，这是人生幸福的新高点。然而，老天爷像对小娴开了天大的玩笑，就在求婚后没几天，她发现胜宇竟然和另一个女人去了旅馆——那个女人竟是她的闺密！

她实在不敢相信，只希望是做了一场噩梦。可是，事实就摆在眼前：深爱的男人和她的好朋友……

小娴顿时感觉自己失去了支撑，心里只有一个念头："没有了他，我今后的生活怎么过？"就是这样的想法，害怕一旦被胜宇察觉自己发现了，他会离开，于是她下定决心把胜宇出轨一事当作从未发生过，希望只是胜宇偶尔意乱情迷，不会再有下一次。

但事实不如想象美好，胜宇一边积极与她筹备婚礼，一边却仍和别的女人偷偷幽会。小娴没有勇气点破，只是暗暗把一切看在眼里，自己承受着嫉妒和不安的折磨。无人可诉说的压抑，让她快崩溃了！眼看婚礼将近，她决定找胜宇摊牌。

最后，两人在婚礼前夕分手了。尽管这是小娴原本就预料到的结果，但分手的痛苦让她患了严重的抑郁症。

分手，给自己一个机会

不管分手的原因是什么，劈腿、欺骗、争执，甚至暴力伤害……都请你试着去好好原谅。

原谅，不是要你大方地对一切视若无睹，而是一种解脱，就当作是你给自己一个重生的机会，和这个人狠狠地断绝所有关系吧。你现在最需要的，是重获自由。

搬出你们俩的住所，丢掉那堆沾满彼此回忆的旧物。别再执着追踪对方的一切，别做自己也看不起自己的事。

把心情好好地安顿下来，好好去享受一下一个人生活的惬意。你唯一要专注的是，试着让心情和生活稳定下来，将情绪由痛苦的感觉中抽离出来。

发泄不是罪过

如果可以，找方法尽情宣泄自己的不满，尽情抒发自己的悲伤吧，这是失恋的特权，请好好利用。为自己计划一趟快乐的散心之旅，还是找一大群知己好友，好好地吃喝玩乐？用力把内心所有失恋所致的情感废物消除吧！

别再无限期地任痛苦时光倒流

某天，当你发现自己可以拥抱宽恕，再次令那份爱情的感觉在体内流动时，当初的那些不愉快已化作微尘。别再妄想要拯救你的哀伤，就任由它随着那已无药可救的感情，长埋三尺黄土之下吧。千万不要把痛苦存在你的心里，无限期地任时光倒流。

心理师的透视镜

失恋虽然痛苦，但既然对方已经选择放手，你又何必执着呢？不要让这份已经失去的感情成为你的噩梦，把分手当作给自己的一次机会吧。请运用失恋者的基本权利，好好发泄一下，别再无限期地任痛苦时光倒流了。

第 32 种情感困境

为什么有人分手后，可以马上与别人交往？

分手移情症候群

移情作用是精神分析的重要概念之一，最早由精神分析之父弗洛伊德提出。移情是指患者的欲望转移到心理师身上而得以实现的过程。

在今时今日，移情作用更加广泛出现在爱情体系中，当中最常见的，我称为"分手移情症候群"。简单的解释就是：在分手的过程中，患者将自我的感情转移到另一个客体或另一个人身上，通常这个人是新的另一半或陪伴者（比如心理治疗师或身边的闺密）。

没错，这里说的就是在分手之后，明明上一秒钟还哭得死去活来，下一秒却可以收起分手的眼泪，带着新欢出现在人前。其实，这只是假象，一个既骗别人也骗自己的大谎言。

别被爱的假象骗了

这个故事发生在我一位担任精神科医生的老同学身上。

身为精神科医生，老同学每天都会见到不同的面孔。情况严重者有些已经神志不清，语无伦次。当然，也有患者十分清楚自己的行为，一切处事标准与一般人完全相同，只是有心理上需要解决的，放不下、想不通的事情，所以最后到诊所寻求协助，期待解除心结。

有天，他的诊所来了一名女病人小慧。半年前，小慧发现认识近5年的男友劈腿，两人因而分手。分手之后，虽然身边有许多追求者，但她如惊弓之鸟般完全无法接受。前男友的不忠导致她情绪严重低落，也无心教学，她辞掉了老师的工作。之后，她每天都把自己关在房间里，吃睡都在房内，完全没有离开的意思。

小慧的妈妈看到这个情况，心知不妙，想开导女儿却遭拒绝，最后在半拖半拉下，把女儿带到我老同学的诊所接受治疗。

老同学了解小慧的基本情况之后，小慧仿佛终于找到了一个宣泄的出口，把先前的不安与对前男友的不满和盘托出。经过进一步地详谈及检查，老同学确诊小慧是得了抑郁症。

经过将近1年的专业治疗，小慧的病况慢慢得到了控制，她害怕与男人接触的恐惧感也慢慢消减，人也变得开朗了。

本来，看着病人的情况一天比一天好，对于主治医师来说，实在是最大的安慰。可是，另一个问题随即出现了。

老同学发现，近日小慧来看病，每次都精心打扮，穿着也很时髦，这使得长相甜美的她更有吸引力。她甚至看似巧合地在他下班时出现在诊所外，或是以各种借口想要约他外出。敏感的职业直觉有如警报，告诉他这是移情作用在搞鬼。

无论精神科医生或心理咨询师，工作都是为人排难解忧，安抚大家的心灵。患者或来访者来找我们求助时，由于多数都处于心理素质的软弱时期，在诊所、咨询室获得了关心与支持，十分容易将好感投射到我们身上。

而我的老同学呢，在了解事情与移情作用有关之后，决定把小慧转介绍给一位女医师，请这位同行继续为她治疗抑郁症。同时，为了不影响康复中的患者及保持身为治疗者的专业，他决定不再会见小慧。

最后，逐渐康复的小慧也清楚了自己当时的情况。其实，她并未喜欢上我的老同学，只是那时急于想找依靠，不自觉地产生了错觉的移情。

你可能在找爱情替代品

有时，随着分手出现的不单单是伤心，还有寂寞和不习惯。当这些负面情绪出现时，当事人往往会迫不得已去找一个爱情替代品，以另一种方式继续爱着过去的那个人，这可说是一种"备胎"。

对当事人而言，或许爱情替代品是让自己死心最好的方法。尽力将内心掏空，强制把旧有的爱投射在另一个人身上，总比苦苦守在原地，沉沦在哭泣及伤痛的氛围里来得实际，也比等一个不知道会否回头的前任更加容易。

就像小慧，她把对前任的感情投射到自己的治疗师身上。治疗师的亲切关怀及帮助，使她有如重新得到了在爱情中伴侣给她的爱护。然而，她没有想清楚这到底是不是爱情，只是觉得对方很好，自己好像有了被爱的感觉，同时又可逃避分手的痛苦感受。她要在痛苦的现实中找出口，刚好身边只有治疗师，便很快地移情到对方身上。

所以，奉劝喜欢怂恿失恋者快点找个新欢以忘却旧情的人，这个建议其实是害了你的朋友呢。

你根本没有花时间让自己对旧情放手

如果与移情对象真的发展出恋爱关系，那个爱情替代品会为你倾注真心，对你很好，而你也看在他对你不错这一点，留在他身边并接受他。但在之后的相处过程中，你会不自觉地将他与前任比较，继而迫使对方要做跟前任一样的事情，你恨不得立即将他变得和前任一模一样，因为你根本没有花时间让自己对旧情放手。

其实，在内心深处，你很清楚，选择这一个他，只是不希望让自己的爱情荒废，而以他作为退而求其次的替身。反观那个可怜的替代品，他始终未察觉自己存在的意义，只是默默地爱着你，正如你曾那样痴情，傻傻地把前任当作全世界。

当新欢在行为、态度及喜好上被你调教到与前任一样时，你可以进一步自欺欺人，告诉自己再一次找到真爱。但是，日子久了，你终究会发觉他与前任是两个人。你不会讨厌你的前任，却会埋怨这个现任、这个替代品。

或许连你也不清楚，其实自己仍暗自期待前任回来。眼前这个人永远都只会是"备胎"。请你问问自己：真正的爱是怎样的呢？你要的又是怎样的一份爱呢？

别让身边的他／她，成为下一个你

因失恋寂寞而马上找人陪伴，因伤心沮丧而胡乱找乐子，当你假装全情投入，在能量消耗殆尽的那一刻，你往往只会比之前更伤心，你心上的伤口也只会比之前更大。

过去的他只在你的记忆里，不管你怎么努力去逃避、忘记，分手之后不管过了多久，不管过了多少个春夏秋冬，时间的沙漏像凝住了一样，那人的背影仍在原地、在心头，迟迟不肯离开。尽管你找到了一个替代品，但那些曾经幸福的经历，今日却化成一种揪心的痛。这种痛，没人可以帮你抚平，爱情替代品也无法把你医好，只有时间才能疗愈你的伤口。

对自己公平一点，也对现在的另一半负责一点。逝去的感情，就由它随风而去吧。记住，没有他，你仍然是你自己，你仍然得活着。如果你明知自己根本不适合投入一段新恋情，那么请放过那个爱情替代品，不要让他成为下一个你。

就像《刚刚好》里这段歌词写道的，"我们的爱情，到这刚刚好；剩不多也不少，还能忘掉，我应该可以把自己照顾好。我们的距离，到这刚刚好。不够我们拥抱，就挽回不了，用力爱过的人不该计较。"跟前任分开请忘情，与爱情替代品分手要及时。刚刚好，就好。

心理师的透视镜

分手后马上与别人交往，是分手移情症候群的表现。实际上，你根本没有花时间让自己对旧情放手，只是在找爱情替代品。所以，请对自己公平一点，也对现在的另一半公平一点。逝去的感情，就由它随风去吧。如果自己不适合投入一段新恋情，请放过那个爱情替代品。

◥ **第 33 种情感困境**

我到底做错了什么，被如此对待？

被分手者的矛盾

分手无疑令人伤心欲绝。如果能有选择，许多人会希望自己是先提分手的那方，因为已做好心理准备，对接下来的一切都能平静以对。

被提分手的一方呢？按理说应该是激动、悲痛，对于对方充满恨意的。但事实上，许多遭遇被分手的朋友在短暂的怨恨过后，会自问"我到底做错了什么，要被如此对待"，仍想着对方的好，陷入矛盾的情绪旋涡。

前阵子我先后收到两封信，至杰和茱儿不约而同地提到了这方面的困扰。我想，刚好可以分别从男性和女性的角度，与大家一同来思考。

至杰：我再也不敢相信人了

隼人：

你好！

这件事我放在心里很久了，一直无人可讲，谢谢你愿意耐心地听我说。

我和女友是认识两年后开始正式交往的，但在交往后，我发觉她的妈妈并不喜欢我。我家里的经济状况不太好，身为长子，我自然需要肩负起更多养家之责。读书的时候我只能半工半读。女友的妈妈嫌弃我穷，常劝女儿离开我。

后来，我去当兵。就在入伍3个月后，女友向我提出了分手。当时我尽力挽留，表达了自己对她的深爱，但她去意已决。

分手1周后，我突然收到她的一位朋友的信息。这位朋友在信息中痛斥我："你分手就分手，何必要搞得这么难看？"我很疑惑，不停地追问，才发现原来前女友在社交网络上指责我说谎和到处抹黑她。我发信息问她："我根本没做你说的那些事。到底是怎么回事？"结果被她拉黑了。

我非常生气，自问一直在服兵役，什么都没有做过。我能理解她因经济现实和我分手，但无法接受平白被误会，所以我打电话给她，但是不想跟她撕破脸，尽量心平气和地向她问个究竟。

原来，是我的好兄弟从中搞鬼。他告诉她，我在分手后四处乱讲她的坏话。前女友是迫于家里的压力无奈离开我的，但这个兄弟因为想追求她，所以故意抹黑我，说以他对我多年的了解，如果继续和我纠缠下去，我会是个"恐怖情人"。他还怂恿前女友与我断绝往来。

身边知道事件来龙去脉的朋友问我怎么就没有怀疑过他居心不良。我能说什么呢？毕竟是她宁可不信自己所认识的我，而选择相信别人的话。

后来，这位前兄弟（发生这种事，当然无法再跟他哥儿俩好）得偿所愿，与我的前女友恋爱了，可惜不到1年，他们俩也分手了。不同的是，他们俩并未翻脸。而我呢？被他这么一抹黑，我被前女友永远列入了黑名单，连朋友都做不成。这件事让我到现在还很怕交新朋友，就怕受到背叛及欺骗。

退伍后，我选择离开伤心地，到东南亚发展。经过多年的打拼，我现在当上了中级主管，也成为家里的经济支柱，但是对这件事始终耿耿于怀。

他是那种花花公子，见一个追一个，却能与我前女友分手后还和平相处，难道他身旁就没人看清楚他的为人吗？我觉得自己就像陷入了一个死胡同，想不通自己到底做错了什么，被前女友这样对待。

不敢再相信人心的至杰

×月×日

即使曾经遭遇背叛，也别放弃相信自己

至杰：

谢谢你信任我，试着敞开自己对我倾诉心事。其实，你在内

心深处并未放弃相信这件事。

人心难测，而现实是残酷的。

前女友的妈妈因觉得你没本事、经济条件不好而阻止女儿跟你在一起，对一个母亲来说，是人之常情，我们不能怪她。每个人的价值观不同，做母亲的自然会想为女儿挑选一个条件优越的男人吧。

家人和父母是与生俱来的，你没有选择的权利，但你并未因为被女方嫌弃而放弃自己的家人，你对自己家庭的支持是绝对正确的。这份亲情很不容易。

关于你与前女友分开，我觉得对你来说也未尝不是件好事。

先别说你们正式交往有多久，你们由朋友开始，认识了两年后才交往，那么彼此都有一定程度的了解吧？起码对方的为人如何，你们彼此很清楚。既然是这么熟悉的人，为什么听别人随便抹黑几句，就足以令她对你起反感，从此拉黑你？

她表现得像对你连基本的信任也没有，听到谣言后，直接翻脸，连去怀疑、求证的心也没有，这实在看不出她对你的爱有多深。所以，失去一个不太爱你的人，并不需要感到可惜，这只表示对的人尚未出现。

无论是与前女友的恋情，或者那份曾经的兄弟情，既然关系已经终结，那就让它们成为过去吧。聪明的人会从错误中学习。

不管前兄弟当时怎么抹黑你，他是怎样的"渣男"，都早已与你没关系了。放下过去，才能拥抱未来。他只是你人生中的过客，当时的对与错不用追究，也不用执着。况且他做了那样的事，实在连让你花力气去讨厌他的资格也没有啊!

再说，你到了国外，当上了中级主管，经过如此的人生历练之后，比当年分手时的大男孩更成熟、稳重了。虽说防人之心不可无，但你也要相信自己已长大，有足够的能力去选择适合自己的朋友及异性。慢慢再拓展自己的生活圈子吧。每个人都值得拥有更好的东西，只要你相信便可以。

日后当你又缅怀旧事，我想请你停下来，问问自己：这些年来，花了这么多时间执着于一个不懂你的女人，值得吗?

隼人

×月×日

看见自己的成长，以自信解开心结

即使面对前女友不信任，尽信别人对他的抹黑，至杰却仍然渴望能与她做朋友。这是为什么呢?

可能是出于好胜心，也可能是看见造谣者竟能与前女友维持友谊，自己却只能与她形同陌路，心里不是滋味。

不过，我们从字里行间不难看出，至杰虽然是被分手的一方，但他对前女友其实并没有恨意，还是想与她保持联系。可是我不点破，因为任何人被说中深藏于内心的想法，第一时间都会本能地反弹，反而会抗拒接受。

我的做法是：先从他现有的成就出发，让他看见自己如今的能力，同时引导他察觉自己的放不下，才能进一步令他生出"走出过去，迈向未来"的渴求及自信。

讲完了身为男性的至杰的困扰，我们再来看一下身为女性的茱儿的困扰。

茱儿：我为他变得不像自己

隼人先生：

你好！

在网络上看到隼人先生能协助大家处理感情上的问题，所以我想请你帮帮我。

我和前男友分手8个月了，是他要分的，说感觉不对了。可是，直到分手前的3个月，他都还很热情，还说过："如果早点认识你就好了，说不定早都结婚了。"不知道是否因为我开始抱怨工作上的事，渐渐觉得他对我的态度有所改变，或许是他发现我不像他想的那么幽默、乐观和聪明。

他很会读书，而我很早就外出工作，同事也都是同一个层次的，所以我无法和他分享有知识含量的话题。

我爱往外跑，但他偏好比较静态的活动。交往期间，出去玩、晒太阳什么的，他不喜欢，然后会拿他的文青前女友来与我比较。

到后来，我觉得自己为了他而变得不像我自己。我不开心，也给了自己很大的压力。

虽然感到他慢慢变得冷淡了，但他说过前女友就是因为这样跟他闹，甚至拿分手威胁，结果他真的分手了，所以我以为他的冷淡是正常的，也不敢表达自己心里有多不舒服，只是撒娇，要听他说甜言蜜语。但最后他还是说"感觉不对了"，要分手。我问他到底什么叫感觉不对，他除了又搬出前女友比较外，还说和我聊一些事情时，我的反应不是他要的。

可是，分手没多久，他又约我出去一次，跟我如以往那样发生关系，但事后不再体贴地抱我或亲吻。那次之后，我就再也联系不上他。

回想起交往的那段时间，我为他变得不像自己了。

他不喜欢听抱怨，所以我只能对他报喜不报忧，可是无法分享真正的心事，让我觉得彼此很疏远，不了解对方。

他喜欢谈论政治，所以我也试着去看政治新闻，可是我聊的话题，他好像都没兴趣。我努力想讨好他，不敢随心所欲地聊天，聊天的时候都在想什么才是他感兴趣的。

分手后，我也认识了不少男生，却发现自己变得像前男友一样，会忍不住拿前任做比较。我当然不想一辈子都活在他的阴影下，可是真的找不到各方面都像他这么好、能燃起我热情的男生……

到底该怎么办呢？

找不到自己的茉儿

×月×日

平衡的感情，是不为对方假设太多

苿儿：

谢谢你的来信，非常详细。

从你描述与前男友的交往，我发现一个重要的问题，那就是你为对方假设了太多想法。

比如，你说他的前女友因他冷淡而闹翻，便猜想他对你冷淡也正常，却未去了解或找出对方冷淡的原因。这样的猜想和假设，是跳过了与对方沟通这一环，自己单方面不停地思索，直接下了定论。其实，他也有相同的问题，光说感觉不对，你的反应不是他想要的，却没有解释他到底想要什么。

每个人都是独立的，没有人会是别人肚子里的蛔虫。不说出来，彼此怎样了解呢？一段平衡的关系是，当你感觉到不对劲时可以放心提出来，双方心平气和地讨论改善方法。

在这段感情中，很明显是你比较主动。然而，感情是需要互动的，不能永远只有单方面在努力。

关于你们分手后又发生关系，若他再约你，请你要留意：是否每次他都是有需要时才相约？记住啊，千万不要变成对方泄欲的工具。

另外，我要肯定你愿意对心爱的人投其所好，这原本是正确的事，喜欢一个人自然会想了解对方的喜好，进而配合。但切记，这也不能是单方面的，不然就会变成过分迁就。他喜欢什么，你就去学什么，那对方又做了些什么来配合你的喜好呢？

　　最后，也是最重要的一点：分手后，你仍给他高度评价。纵然有说他的不是，同时却又替他辩护。这正是许多人在分手之后面临的问题。

　　人们难免会美化前任，美化他的行为，过度放大他好的一面，不去面对他不好的一面。人们喜欢保留美好的记忆，但往往是给自己带来错觉，误以为世上再没有人可以比得上前任。

　　为了帮助你诚实地面对自己，请你拿出纸和笔，回答这两个问题：

　　第一，写出对方（前任）的 5 个缺点；

　　第二，写出在这段关系中，他曾令你感到不愉快的 5 件事情。

　　思考过后，你将明白，原来自己确实美化了对方。认识新的对象时，这个方法也有助于你清醒地看待新的关系。

　　　　　　　　　　　　　　　　　　　　　　　　　　隼人

　　　　　　　　　　　　　　　　　　　　　　　　× 月 × 日

写下来，理性地辨识对方的优缺点

　　无论男女，被分手后都容易美化前任，放大对方的好，而漠视或逃避对方的不好。要真诚地面对他／她，面对自己，就要拿出理性去思考。

　　提笔写下对方的优点及缺点。在书写过程中，我们需要边思考边写字。这时，我们会受到处理理性思考的大脑前额叶皮质影响，而不受负面情感影响，如此就可帮助你理性地思考和分析：

那些优点、缺点是不是真的，还是被你美化了？

尽情写出你所想的，不用当下翻看，可以把它放在一旁。过一段日子后再拿出来看，可能你会取笑自己所写的内容，因为当理性地再读一遍时，你会发现很多所谓对方的好，原来都只是被感情冲昏头的你的夸大罢了。

以理性的方法处理感情的事，才能有效地帮助你真正放下。

心理师的透视镜

作为被分手的一方，常会在短暂的痛苦之后，自问"我到底做错了什么，要被如此对待"，仍想着对方的好，陷入矛盾的情绪旋涡。其实，此刻你需要的不是把责任都背在自己身上，而是要相信自己，不要过度美化对方，以自信和理性来解开心结。

第 34 种情感困境

分手之后，还可以做朋友吗？

海市蜃楼般的情节

"分手之后，两个人还可以做朋友吗？"许多来访者在做感情
咨询时都这样问过我。

我必须直说，分手之后可以做朋友大概率只会在影视剧里发
生。"友达以上，恋人未满"只是影视剧将爱情描写得更凄美的手
段，这样的情节在现实生活中出现的概率小得如海市蜃楼，很难
存在。

当一段感情开始，就像一栋原本空置的房子突然搬进一名新
住客，本来空虚荒芜的心灵霎时充满了不同的情感，因为这名新
住客的打理而变得绿草如茵。

一段感情展开时，每个人都希望能长相厮守，相信对方会是
自己爱的最后一个。然而，爱情是一出不可预料的戏。由相恋、
激情到后来的淡然、分开，就算再不舍，也只能心痛地说再见。

夜深人静时，苦涩的眼泪冲刷着这一份已不再属于你的旧记忆。一段感情的完结本应如此，慢慢让伤口自我复原，然后结痂。

分手后仍做朋友，不管是哪一方的要求，这样的安排真的对双方好吗？

猎人爱上猎物，只在幻想中出现

嘉芳与男友交往了近 10 年，本来已准备结婚，但半年前，男友突然说觉得两人感情淡了，想要分开，态度坚决得毫无挽回余地。

半年了，嘉芳一直无法接受这件事，更让她走不出来的是两人仍然有联系。

当初提分手时，他说："在一起这么多年，你是最了解我的人，虽然分手，我也希望我们仍是好朋友，彼此关心。"他的主动联系却让嘉芳难以转换频道，她的心情总是因他的出现而起起伏伏，可她就是无法不理会。

她明知应该往前走，也尝试过去认识其他人，但内心对前男友仍有期待。每当听到前男友的消息，她所有的努力便都会毁于一旦。

如果你是嘉芳，你会怎样做？

站在男人的角度，分手之后仍与前女友维持朋友关系是有百利而无一害的：对外，他可以表现出自己的大气；对内，可为自己留下一个战胜的纪念品，甚至是感情上的"备胎"。你的角色有如猫咪掌中的老鼠，他无聊时就拿出来把玩一下。

他的偶尔撩拨让你暗怀期待："或许我们还有可能……"你对过去还痴痴留恋，但事实是，他的好或坏不再与你有关。猎人爱上猎物的情节只会在幻想中出现。既然对方决定分开，无论他当初把原因说得多漂亮，其实只有不再爱了才是真正的原因。

与前任之间的友谊，是一段缺氧的关系

遇到这样的状况，请你还是清醒清醒吧，别傻了。你要重回正常生活。如果分手之后仍然想要做朋友，说穿了，根本就是你没有给自己停止的机会。

当感情来到终点，却放不下对方，这样苟延残喘地留住一个人，又有什么意义？你狠不下心放掉原已千疮百孔的感情，何来另一个新的开始？

人类一向喜欢安稳，因此面临风险时，就会出现一定的压力。适量的压力是正面的，有助于我们产生动力去解决问题，但就感情而言，与前任继续往来，面临对未来的不确定与可能再度失去的双重暧昧压力，单单如此就足以令人缺氧。

请你用心认清这个事实：

分手时，被对方抛弃，曾经对你说过的一切承诺付诸流水，永远也不会兑现了。当你好不容易由谷底反弹，辛辛苦苦地养好伤，打算站起来重新出发的时候，他却不考虑你的感受，回头毫不留情地在你的伤口撒上一把盐。

你必须为自己断掉那不正常的关系。挥剑斩情丝并不容易，请用心看清楚谁值得你去爱，用心了解你要的是什么，花些心思让自己的生活重回正轨，请你好好地用心活下去。

切记，分手只是单纯代表着一段感情的终结，你的生命仍然在燃烧。未来的路不管再苦、再远、再难，日子总要过下去。唯一不同的，只是由两个人回到你一个人的原本状态。

❧

心理师的透视镜

分手之后还能做朋友大概率只会在影视剧中出现。与前任之间的友谊，是一段缺氧的关系。你必须为自己断掉那不正常的关系。挥剑斩情丝并不容易，请用心看清楚谁值得你去爱，用心了解你要的是什么，花些心思让自己的生活重回正轨，请你好好地用心活下去。

第 35 种情感困境

应该与前任复合吗?

在感情咨询中,来访者最常问的问题有两个,一个是"分手后能做朋友吗",另一个便是"我应该与前任复合吗"。

分手之后做朋友其实大概率是不可能的事,勉强把快要断气的感情延续下去,只是延长彼此的痛苦。而当一方提出分手,另一方的本能反应往往是希望挽回,要求复合。但是在这里,我要提醒你:你们之间不会无缘无故地无法继续,在做出挽回行动前,先停下来面对现实,考虑清楚,因为走错这一步,最终受害者可能会是你自己。

先来看看这五个思考方向,然后再好好想想你应不应该打出"复合牌"。

分手原因就是不爱了

被对方提出分手的时候,不同人的感情系统会发出不同的应对信号,比如惊讶、愤怒、伤心等,比如感到被出卖般的背叛。

一旦人的理性被这些暗黑情感支配，情绪失控，他就往往会做出一些不合常理，甚至损人不利己的行为。

其实，提出分手的那一方，不管用了千万个不同理由或把一切说得再美丽，都只是借口，最根本的原因也是最简单的：对方已经不再爱你。这也表示这段关系是无法有结果的。

这时，有个最为关键的点，希望你能冷静下来思考：为什么要拉回这个已经不爱自己的人，挽回这段明显没有作为的爱情？留住对方到底有什么意义呢？

为了自己，唯有先去面对对方已经不爱自己这个事实。唯有如此，日后才能给自己机会轻松放下。

你是舍不得他，还是舍不得他为你做的事？

我见过有些来访者会用尽所有手段和方法，甚至在网络上找寻高手帮忙出手挽救自己已逝的爱情。假设你十分幸运，你所用的方法有效，而且成功地把已经死心的另一半留下来，但请问：把这具没有爱的躯壳留下来，又有什么作用呢？

从不同的经验中，我们可以发现，有很多人在失恋之后极力挽回，以为自己是舍不得对方，其实他们只是因为习惯不了一个人的孤独。可能你挂念的是他的一个吻，可能是每天早上起床时他发来的第一条甜蜜信息，可能是他陪伴你的每一个早上／中午／晚上，可能"以上皆是"，但这些不一定非得由他给你。或许你留恋的只是这些事情，而不是这个人。

这一刻，你应该反问自己：这些真的只有他才做得到吗？你想要的是他，还是怀念他对你所做的这些举动和事情而已？

他真的那么完美吗？

当一个人无故被分手，他最常见的心理就是无限量地把前任优点化与理想化。他会不停地回想，甚至无限放大前任的好处，不停地说服自己可能"永远都找不到像他一样的好伴侣了"。

这时候，我通常都会请来访者先平静下来，细想这段感情里的好坏，甚至进一步地请他仔细地把想到的每一项都写下来，慢慢省视，好让他可以冷静地比较。因为只有平静下来，才可以做出客观的分析，才不至于做错决定。

要改变自己或对方，谈何容易

你决定不顾一切，无论如何都要把前任追回来？我阻止不了你，但是，请你先结合实际推测一下：你觉得这段感情在复合之后又可以维持多久？

要知道，如果你们缺少自我调整与改善的真正自觉，没有对接下来如何一起走下去建立共识，即使复合，也只会再次分开。

俗话说，江山易改，本性难移。刚复合时，相信每个人都会有强大的意志力去强迫自己改变，但当日子久了，感情再次稳定后，大家又会故态复萌。你们伤感的故事又会重新循环一次。

要修正感情缺裂的根源，不是一朝一夕的事

当感情面临结束的危机，有时彼此需要分开一段时间。这段分开的时间被称为冷静期。

有人乐观地认为，冷静期的主要作用，是让提出分手的一方沉淀一下自己，改变对这份感情的负面想法，而当负面思考冷却之后，他便会发现自己做错决定了，最后会哭着认错，主动挽救。同时，在这段冷静期中，被分手的一方可以把握时间，好好地做些改变，打造一个更好版本的自己，当双方重修旧好时，让对方眼睛一亮。

可惜，现实往往与幻想有一段距离。如果单想靠 30 天、60 天或 90 天的所谓冷静期去挽回一段感情，未免太异想天开了。

的确，几个月的时间可以使一个人的怒火消失，甚至如果足够幸运，对方可能会因为失去你而伤感思念，但绝对不足以解决那些存在已久、潜藏于你们感情中的矛盾和问题。那些矛盾和问题的解决必须经过双方协调，一般需要大量时间、反复地尝试，才有可能成功。也因为这段感情使双方有了不同程度的伤疤，要将这些阴影除去，实非一朝一夕可成。这样的一场持久战，你能支持多久？说不定在过了冷静期之后，是你不想再续前缘了。

希冀能复合或者想要追回前任的朋友，请你好好思考以上的问题，冷静地分析一下，再做下一步的决定吧。

心理师的透视镜

　　在你做出挽回行动前，请先停下来面对事实，考虑清楚：你们之间不会无缘无故地无法继续，如果缺少自我调整与改善的真正自觉，没有对接下来如何一起走下去达成共识，即使复合，最终受害者可能还会是你。

我要怎么做，才能忘记他？

可以让我一觉醒来，就完全忘记前任吗？

"心理师，你可以用催眠让我忘了他吗？"薇安刚坐下，劈头便这么问我。

3 个月之前，同居 4 年的男友向她提了分手。

从学生时期开始，两人在一起很多年，原本始终爱得火热。"我不知道这是怎么回事，最后这是所谓因为了解而分开吗？怎么能如此片面！他说，他考虑了很久，觉得我们工作后，无论在沟通或价值观方面都变得越来越不同。他说，我不再适合他……"薇安像是怨妇般泣诉。

惨被分手的她痛哭过、哀求过，试着用所有听过的方法去挽救这段被宣告死亡的感情，只期待还有一丝奇迹降临。事实却是分手 3 个月以来，他完全没有再找薇安，彻底从她的生活中消失了。

顿时，失去了情感重心，极度失落又迷失的薇安试着采用其他方式，想把感情留住，如同所有迷茫的人一样。"我去求神问卜，拜姻缘石，还到处拜月老，甚至再偏门一点的都尝试过了。"她说。

结果呢？当然，她期待的情节没有发生，她眼中的浪子并没有回头。

在情绪极度低落的情况下，薇安开始变得神经质，自我封闭，整天足不出户，只是躲在家里发愁。这让她妈妈十分担心。于是她妈妈带她来找我，希望我可以为女儿做心理评估或辅导。

薇安听说我受过催眠疗法的专门训练，立刻满怀期待地问我："催眠可以给我'洗脑'吗？可以让我一觉醒来，就完全忘记我的前男友吗？心理师，你可以用催眠让我忘了他吗？"

最重要的是放过你自己

金·凯瑞和凯特·温斯莱特合演过一部带有魔幻色彩的爱情电影《美丽心灵的永恒阳光》（*Eternal Sunshine of the Spotless Mind*）。片中，曾经无比契合又相爱的他们因故分手后，由于难以承受失恋的痛，先后去了一家特别的诊所，想消除曾经相爱的记忆。当然，感情的纠葛并非删去记忆就能轻易解开的……

的确，在催眠的舞台表演中，有一些技法可以令人忘记事情，比如忘记自己的姓名，或是由 1 数到 10 时，忘了中间某个数字，等等。可是，薇安要求的是完完全全地把她与前男友的一整段记忆清洗掉。

事实上，我接待过的不少来访者都提出过这样的要求。这样的要求看似无理，任何有职业道德的催眠治疗师都会告诉来访者你做不到，但我也明白，倘若不是伤到最痛，怎么会有人舍得把一段属于自己的回忆消除。

看着面前这个被感情严重伤害的女孩，我决定放手一试，但是并非消除记忆，而是试着改写她的潜意识对分手的看法与情绪反应。

经过基本的催眠引导，我把薇安身体所有的外在意识关闭，让她专注于呼吸，令她的身体慢慢放松，然后帮她进入自己的潜意识。薇安在潜意识中找到了与前男友有关的记忆。当然，要重点关照的永远是最痛的那部分记忆。

"回到他向你提分手的那一刻，他对你说了什么？你是如何回应的？"随着我的引导，薇安再次面对男友提出分手的情形，那份痛苦仍然扎心……

就在她感觉到最痛的时候，我问："这一刻，你的感觉是怎样的？"

她说："我感到自己极度痛苦，但我也深深明白，因为我们彼此沟通不足，这段感情其实早已满是疮疤，分开也只是迟早的事。"

我继续问："如果这一刻，你的前男友在你面前，你会有什么话想对他说？"

于是，薇安便断断续续地将自己这几个月来抑制在内心的感觉和所有想说的话，一诉而尽。经过一轮炮轰般的宣泄之后，她激动的情绪明显平缓下来。

这时，我引导薇安在内心看清楚两人已经分开的事实，原谅前男友对自己做过的事。"最重要的是，你要原谅你自己。"我告诉她。

在确定薇安对于那段记忆不再执着之后，我向她表示将会由5倒数到1，每数一个数字，她将越来越清醒，数到1之后，便将她从潜意识中唤醒。

清理情感垃圾，让自我重生

发生过的种种都已成事实，与其不切实际地寄望于别人帮你"洗脑"把它们"洗干净"，不如用有效的自我练习来面对现实。

在此，与各位分享一个小小的心理练习，有助于大家为自己的心灵进行一场大扫除，清理掉那些因情伤而留下来的情感垃圾。但是，要提醒大家：如果有重大的心理问题需要解决，请直接寻求专业人士的帮助。

第一步，把感觉写入笔记本，收起来，暂时不再看。

请准备一个可以随身带着的笔记本，小小的一个就可以。

当在日常生活中想起了前任，或是有不快乐的情绪出现时，你就立即把相关的感觉写在笔记本上，记得要写得越详尽越好。而且你必须对自己坦诚，把当下的感受毫不保留地写出来，同时要加上时间、日期，作为日后参考之用。写好了之后，先把笔记本收好，暂时不去看它，继续一天里剩下的活动。

其实，许多朋友在完成了"写在笔记本上"这个动作后，已明显有了一种放松的感觉，因为在写下来的同时，就已把负面情绪一并释放了——将它们放逐到了纸上。

第二步，一个星期后，再打开本子，重新检视。

前面提到写好了之后，就暂时不要再看笔记本。那什么时候再看呢？

我建议，在一个星期后，当空闲、不受打扰、心情平稳的时候，你找个独处的空间，把笔记本拿出来，重新检视当日写下的事情和情绪，用心再去感觉一下：为何当时我会这样想？为何我会有这种情绪？

此时，你可能会发现，那些让你不开心的事，原来有许多都不值一提，根本不用介怀。你所有的想法也会因为时间及经历的冲刷而改变，甚至改善。而最重要的功课就是，如何在这个自观内心的机会中学习，使自己进步，释放内心的负面情绪。

……

这个练习做到最后，你会发现，把笔记本拿出来写东西的次数越来越少，因为渐渐地，前任的种种对你来说已变得不痛不痒。到了这时，你便已经成功地为自己清洗了有关前任的不良记忆，并清除了相关的情感垃圾。

心病还需心药医。有时候，一种情绪没有被好好地处理，留下来的后遗症可能会十分严重。要解除这种执着，可以运用这样的自我练习，进入潜意识层面去处理。当你越来越熟悉，要疗愈这些心理上的后遗症就不是困难的事了。

你有多久没清理自己的心理垃圾了呢？如果很久，或者甚至从来没有过，那么是让自己重生的时候了。尝试做做看这个练习，它会对你的生活产生意想不到的美好影响。

心理师的透视镜

　　要想忘记与你已经分手的他，最重要的是放过你自己。发生过的种种都已成事实，与其不切实际地寄望于别人帮你"洗脑"把它们"洗干净"，不如通过有效的自我练习来面对现实，清理情感垃圾。

第 37 种情感困境

逝去的情感，会因时间冲刷而归于平淡吗？

你的心痛，是否掺杂着执迷不悟？

我们常说，时间可以冲淡一切，或者时间会让人遗忘过去，事实真的如此吗？

记忆是不能删除的，你可以改变对某段记忆的感觉，却无法完全删去记忆。纵然你已将它埋进内心深处，但每当你情绪失控时，那些回忆难免会在午夜梦回挥之不去，那份再熟悉不过的感觉，甚至气味，会再一次浮现在你的脑海中。

请你扪心自问：一段你曾经拥有的过去，难道如今就只留下心痛？还是那伤心只是你对于旧情人的执迷不悟？

杂乱难解的分手心结

孟洁与前男友分手已经七年多了。两人分手后，除了偶尔的老同学聚会，她和他几乎没有联络。多年来，她不断地告诉自己应该放下那段感情，但每每在生活上遇到与前男友有关的事，便很容易情绪失控，自己还会哭个不停。

她始终忘不了分手那晚，无论她怎么哭诉，对方始终一言不发，无动于衷。而每回在梦里，对方就像当天一样不说一句话，她只能心灰意冷地呆站着。多年以后，她才终于意识到，这是分手带来的阴影，而且显然是一个心结。

虽然孟洁现在已遇到一个很合得来且很爱她的男友，但每当关于前任的回忆突袭，她的情绪就会变得极度混乱，她觉得自己心里还有前任，对不起身边这个既细心又体贴的他，甚至怀疑起自己对现任男友的爱来。她给我写了信，想知道有什么方法可以帮助她解开心结。

在此，不仅是回应孟洁的这个提问，也希望有助于感同身受的你一同来思考。

其实，你是抱着执念不放的"带菌者"

处于如此的情感困局中，你一直希望自己是一名康复者，但其实你从头到尾都是"带菌者"，而始终紧紧束缚着你的是你对前任的执念。

一个人在生病之后，免疫力会大大提升，因为基因设定了人类会随着过去而学习，从经验当中获得进步。所以，若总活在过去的不幸阴影中，这样的你又怎会自动解开心结？

你真以为一旦与前任断绝联系，你们的感情就会因时间冲刷而归于平淡？我可以肯定地告诉你：才不会！当你以为自己已经遗忘那段感情，找到了新生活的入口时，那份执念使得过去的经历仍旧在你心底的角落暗暗发酵着，不管其后你经营了多少段感情，身旁的伴侣换了多少位，你的心仍被另一个人占据着，他就是你的前任。

无论执念是来自你仍然爱着他，还是来自对那段感情的结局心有不甘、耿耿于怀，不管再怎么在意着过去，逝去的已成不可逆的定局，只有承认，才能放下。

这一刻在你身边的人，是现任的他

对此，身为心理师，我所能给出的唯一意见就是：请你擦干脸上的泪水，好好地去面对已经和前任分手的事实。如果你真心爱着现任，请你专心去发展这段感情。

缅怀那些已逝的过去，只会让你陷入不断的比较与索求中。当你散发出的并非专注的诚意与爱意，被你吸引的也不会是高质量的爱。那爱将掺杂高度的不安全感与嫉妒，它的味道会有苦有酸。但你看到了吗，这一刻在你身边的人是现任的他，不要让那段过去变成现任心中的一根刺。

最后是我们都需谨记的——过往会令人成长。那些不堪回首的就交由昨日带走，让它随风去吧。

心理师的透视镜

　　处于如此的情感困局中，你一直希望自己是一名康复者，但其实你从头到尾都是"带菌者"，而始终紧紧束缚着你的是你对前任的执念。因为执念，使你受困；只有承认，才能放下。

第 38 种情感困境 ⟋⟋

情侣分手，"爱情遗物"该归还吗？

交往一场，有必要做到这个地步吗？

身为心理师还常会遇到这样的状况：一旦对方知道我是学心理的，尤其主力做感情咨询，就很容易顺便帮朋友问个问题。

前几天倒垃圾时，碰见了不算熟的邻居小姐，大家聊了几句，邻居问道："你是心理师？那你可以知道别人心里在想什么啦？"

"那是神仙才有办法吧？"我心想。

我还来不及接话，她紧接着说道："我的朋友最近有个困扰，你听听，看能不能给个建议。她跟男朋友在一起 3 年，前阵子分手了，她眼泪还没干，前男友竟然发信息给她，想请她归还以前送她的项链等价值比较贵重的礼物。为了公平起见，他也会整理过去她送的东西还给她。她一气之下就把他给拉黑了！什么鬼啊！这么小气吗？"邻居突然红了眼眶，"那你把我以前的青春还来啊……"

咦？不是她的朋友吗？好吧，无论是谁，都可能会有类似的困扰。

我有个朋友向女友提出了分手。过了大约一个星期之后，有天早上，他打开家门准备上班时，发现门外的地上放着一个大垃圾袋。他差点儿破口大骂。然后，他看到垃圾袋上贴了张大字条，上面写着："还你！"

他认出那是前女友的字迹，马上拆开了垃圾袋，看了看垃圾袋里的东西。原来，全是他在交往期间送给她的礼物，无论型号大小、价值高低，一律奉还。他想：真的有必要做到这种地步吗？望着这袋"爱情遗物"，他顿时感到百般滋味涌上心头。

"爱情遗物"该如何处理？

面对一段感情的终结，许多人以为单靠一句"分手"就能一刀两断、一了百了。可是，感情是世界上最复杂的事情啊，怎么可能这样容易解决？在这份千丝万缕的情感瓜葛背后，还有许多后续问题要面对，比如包括两人的合照、情感交错的信件，还有对方送的、代表当时相爱心意的礼物在内的一些"爱情遗物"的处理。

如果你是当事人，你会怎样处理对方送的礼物？选择直接狠狠地丢到垃圾回收场，还是鼓起勇气去退还给对方？

首先，断然打包还给对方，是两败俱伤。

曾听说不少朋友在分手时，会收拾好一大盒对方送的礼物一并退还，以示一刀两断，不拖不欠。但其实这种做法会两败俱伤。

就对方而言，已送出的礼物就是属于你的，这是一份心意，是当时对你倾慕之情的表示。把送出的礼物收回，对他有何意义？

从表面看来，好像是你把不想要留下的回忆全部退给他；说穿了，即是把伤痛加倍还他，"爱情遗物"的处理问题变相地自动"过户"给他。然而，他却不能退回给你，那个烦恼他只能自己扛。如此一来，自然显得你有些小家子气。

不把东西退回，也是给对方面子的一个举动，至少让他知道送的那些礼物是你喜欢的，并非他一厢情愿、自作多情。纵使无缘在一起，但最少对这份曾经的爱情留一点尊重。

其次，寄希望于归还物品能勾起对方甜蜜回忆，只是妄想。

当然，也有可能是被分手的一方以退还物品为由，争取双方多一次见面的机会，偷偷期盼对方再见到那些物品时，会勾起过往两人的甜蜜回忆。很可惜的是，这个做法通常都不会成功。

刚分手时，双方脑海中必然只会萦绕伤心的回忆，即使是提分手的那一方也是如此。这些负面情绪需要一段时间才能慢慢减退。在充斥着分手带来的痛苦情绪下，对方就算见到与过往相关的物品，也无法重拾开心的感觉。

最后，干脆清空送人或卖掉，是对感情的断舍离。

有人选择分手，但是很讨厌及痛恨对方，所以将所有礼物退还，表示自己多不稀罕，以这份清高和看似洒脱，去掩饰自己对于这段情感的不堪回首。

不过，既然都不稀罕了，何不拿出来拍卖或放到二手市场出售？让别人买到心头好，自己又可以折现。

其实，这有个重要意义：把这些回忆之物交给不相识的人，是一种更彻底的清理。在往返交易的过程中，在打包的时候，在一件一件寄出物品时，你便在整理及处理那些回忆。把它们完全交付出去，即可视为为这段恋情画上了一个句号。

付出的感情与时间，怎能归还？

像我不熟的邻居的"朋友"，遇到前男友主动要求互相归还"爱情遗物"，说实在的，我这个外人中的外人无法置喙，只能跟她说："对方主动提分手，又主动提出互还物品，到了这个地步他显然心意已决，且要求两不亏欠。不管你的朋友决定还或不还，都请记住：不要让这件事变成两人之间的纠缠，纠缠起来对你的朋友没好处。"

在此，我忍不住奉劝想以退还礼物来表示不拖不欠的朋友：其实，我们心里都很清楚，感情根本不能拿计算器来计算，也不可能做到互不亏欠。纵使让你在物质上做到不亏欠，但相比当初付出过的感情与时间，又怎能归还？还是不要自欺欺人了。

❦

心理师的透视镜

感情的"遗物"，或许还了不甘心，全丢掉又忍不住可惜，那么，何不考虑送人或卖掉？这是理想的情感断舍离。

第 39 种情感困境

为什么你们的感情越来越淡?

为你们的爱情健康把脉

爱情其实并非如想象中那般坚定和浪漫,它是如此脆弱,经不起风浪,就像一朵会随时间慢慢凋谢的午夜之花。

以这段话作为文章开头,实在是语重心长。每个人都希望另一半能越来越爱自己,这份被爱着的感觉可以永不减退。然而,往往事与愿违:前一刻你还觉得两人浓情蜜意,怎么突然对方就变冷淡,甚至暴怒了;虽然热恋期过了,但他的热度下降得也太快了;你投入了越来越多的感情,却发现他越来越疏远……

你忍不住问:"为什么?"

无论你是正为这些疑惑所困,或者想要事先预防,都可以运用以下四点,为自己的爱情把把脉。

第一,热情因为被磨损消退了。

欣欣在热恋初期对男友百依百顺,事事以对方为先。不管男朋友提出多么不合理的要求，或是因为小事而大发脾气，她都忍让，她以为那是包容。但也因为这一份"包容"，男友的情绪波动一天比一天厉害，两个人由三天一小吵、五天一大吵，逐渐演变成每天都吵架。欣欣发现，自己的包容力到达了极限，超越了她的底线，所以找我帮忙，希望找到解决的方法。

在热恋期，情侣多半会因为爱得盲目，对于对方的一切负面行为睁一只眼闭一只眼。可是时日一久，对方的缺点一旦慢慢累积，有朝一日，小缺点会由起初的"好可爱"慢慢变成令人难以容忍的大缺陷。

比如，热恋期的一些小争吵，会被当成是彼此磨合或了解的过程，但是假使这些小争执背后的问题本源没有好好地被处理、被解开，再加上少了彼此倾听，一方天真地以为时间可以解决一切，另一方却只是勉强隐忍，一旦容忍值达到顶点时，被压抑的不满就会突如山洪暴发、江河溃堤，一发不可收拾。

第二，另一半不是垃圾桶。

试想：一对情侣经过热恋期的洗礼，自觉爱情升华到更高境界了，而开始言语、行为毫无修饰。比如，在约会时不停抱怨，只讲负面话题……误以为这就是把自己内在的本性原原本本地表露出来。但事实上，这样的相处方式其实是把对方当成了垃圾桶，阻断了彼此的沟通，并且不停地给对方压力。

朋友圈中有一对情侣，每次大家聚餐，都被他俩的甜蜜氛围感染，他们会互相为对方夹菜，其中一方在说话时，另一方会附和支持。但是，当他们交往三年多，有次与他们一起聚会时，大家却发现他们之前的甜蜜感全没了。男方想点菜，女方嫌弃这个不好吃、要求那个不要点；女方在说话时，男方觉得不同意而高声反对，冷嘲热讽。之后，过了没多久，他们便分手了。

将心比心，没有人喜欢负能量发送器，即使感情再深也要有所保留。这不是虚假或伪装，而是体贴与尊重，这才是一种有智慧的相处。朝着另一半毫无底线地不断倒垃圾，这样发展下去，只会让双方辛辛苦苦建立起来的感情基础一点一滴地耗损、腐烂，使其逐渐发臭，有朝一日将崩塌。

若你细心留意身边的情况，不难发现一些经历数十年婚姻的夫妇，除了彼此间的深爱之外，还有就是相敬如宾的态度。相互间的尊重数十年如一日，有如相恋初期，仍维持基本的分寸，才可以把关系维护得历久弥新。

第三，见面次数减少。

没错，见面次数减少也是感情变淡的一大原因。

生活不可能永远都在热恋期的"你眼中只有我，我眼中只有你"。一般过了热恋期，双方就需要相互协调，重回各自的日常节奏。此时，他们难免将目光重新投入其他地方，最常见的自然是忙于工作。

若双方都忙碌，抽不出足够的时间充分相处，长此以往可能导致彼此疏离，渐行渐远。如果一方事业心重，另一方却把重心都放在这段恋爱上，双方脚步将会变得不一致。你觉得被他拖累，没有安全感；他则不满两人相处时间太少，内心感到不安。如果两人之间争吵增多，不满累积，就将导致双方拿起放大镜去看对方的缺点，结局自然不会太开心。

那么，双方在忙碌的生活节奏中，如何维持见面的次数呢？

说什么"没时间见面"只是个借口。比如午餐、晚餐总得吃吧？就算挤出这段短短的时间相见也没办法吗？只要双方有心，必然能够找出时间相会。

建议你们给彼此留出一段每周见面的时间，而在这段约会时间内，两人都要放下手边的工作，专心地面对彼此，好好相处。这样一来，即使时间再短，也会是个优质的约会，有助于保持感情有增无减。

第四，不修边幅。

日本人十分注重打扮，不管男性或女性，出门前都会好好装扮一番。原本化妆并不值得大惊小怪，在某些场合，化妆是礼貌的表现，但日本女性普遍有一个十分有趣的习惯：她们在婚后，从不让丈夫看到自己未化妆的模样，也真的有人没见过妻子的"真面目"。她们一般会比丈夫早起，先化好妆，晚上也等丈夫睡着了才卸妆。

你可能会不以为然地问：有这个必要吗？这自然与社会风气、女性自主意识的发展等有关。当然，在此不是主张一定得花上一个钟头去化妆，只是别不修边幅便可。

关于不修边幅这点，自然是男女皆同。比如，男人虽然不需要装扮得像名模，但是至少要给人清爽、干净的观感，这不只与7秒钟决定第一印象有关，即使是相处再久的恋人、伴侣也要注意。这是对彼此的尊重。

女性除了基本的清爽、干净之外，其实有男性很少有的另一个优势：化妆。身边有许多女性认为素颜约会是要让对方接受原本的自己。没错，接受原本的你是彼此坦诚以对、相互接受的重要一步，但是不需要浓妆艳抹，只是修饰一下脸容，就能让原本的你更显光彩。

从另一方面想，如果对方一副刚睡醒就出来见你的模样，你是否会觉得他不重视你和你们的约会呢?

恋爱要有平常心

感情就好像泡茶一样，同样的茶叶经过一再回冲，时间久了，难免会被冲淡。如果只是自我感觉良好地认为，你们的关系很好、很稳定，不需要大力维系，这样的心态有如温水煮青蛙，只会使你们的感情慢慢变淡。

也有人说，感情不就是如此，老夫老妻的日常就像白开水，虽然淡而无味却已是不可或缺。不过，即使是白开水，也可以有时撒点儿糖，有时放点儿盐，在惯常中不忘加一些调味。同时注意别让这杯水冷透，记得要加温。凉水固然好入口，但有时热热地喝更好喝，也让这杯感情之水在你们彼此心中，更有存在感。

对于相识不久的情人而言，热恋期绝对是一把双刃剑。当你只沉醉于这段"蜜月期"，却没有注意让彼此的相处再进一步，有朝一日对方不再爱得盲目，从热恋美梦中苏醒过来时，你只能眼睁睁地看着爱情之花慢慢凋谢。

当然，你也可以好好利用这段热恋期使双方的感情突飞猛进。热恋期时，无论见面的时间或沟通的机会、质量，都处于顶峰位置，如果能好好把握这个时机，妥善建立相处与沟通的畅通基础，绝对能事半功倍。感情其实并没有想象中的复杂，想要保持历久弥新，只要把感情看成双向的：你期待对方与你共患难，就要先跟他分享欢乐。

不是让你把这壶茶倒掉重沏，而是好好运用沟通、相向的同理心，为对方思考。我会说，谈恋爱要用平常心。平常便用心朝着彼此，多走一步，别等到爱情被宣告"病危"了才急着抢救。

尽力以公平一点的方式，去对待你珍视的这段关系吧！

◆

心理师的透视镜

想要保持感情历久弥新，只要把感情看成双向的：你期待对方与你共患难，就要先跟他分享欢乐。

第 40 种情感困境

女人的绝情，男人怎能理解？

所谓绝情是个人观感

有位男读者来信问我："一个女人在对一段感情死心后，可以做到多绝情？"

以下是他的故事：

他和女友从大学时期就开始了恋爱长跑，经历了风风雨雨之后，步入谈论婚嫁的阶段。他脾气差，对女友诸多挑剔，而且一天比一天过分。就在订婚前夕，一件小事再度引爆争执，女友断然向他提出了分手。

他知道这主要是自己的脾气造成的，但性格极度执着的他没有因此放弃。就像过去的无数回，分手之后的常见戏码"一哭二闹三上吊"又在两人之间上演。

起初，他每天发数十条信息给女友，希望能如过去那样平息她的怒气，结果被女友拉黑了。于是，他开始不停地给女友打电话，以为像以前一样多说甜言蜜语就能打动对方，结果女友不堪其扰选择了关机。

他一看众多手段都失灵，就用上了终极手段。为了展现追回女友的诚意，大冬天顶着严寒，在女友家楼下等了许久，只为见她一面。可是他挨了半天冻，满腔诚意获得的却是"一碗热热的闭门羹"。

之后，他继续试着通过其他不同渠道联系她，但她从此失去了音讯……

女人，真的可以做到如此绝情吗？

对于这个问题，我不会断然回答"是"或"否"，因为"绝情"二字从来都只是个人的观感，根本没有一个客观的标准去衡量。

事实是，女人一旦对一段感情死了心，对眼前这个男人没了感觉，绝对可以一秒之间变脸，成为这世界上最"冷漠无情"的生物。

男人通常余情未了，女人却能下狠心

我擅长感情咨询，也曾在婚恋公司担任心理顾问，以经验来看，在处理旧感情这个难题上，男人与女人最大的区别是：分手之后，男人就算有了新欢，也可以和旧爱成为朋友，保持着（看似）普通朋友的友谊。因为分手之后仍维持朋友关系，对他是有利无害的，那是一种猎人心态——有个猎物在手，总是某种安心。

相反，当一个女人决定不再爱你时，她可以狠心地与你断绝所有往来，甚至把你当作仇人般看待，翻脸不认人。但这份心狠，其实是对她自己。

原因十分简单，就是怕自己再一次泥足深陷。在有机会原谅你或再一次爱上你之前，干脆先斩断所有联系方式，把你的一切封锁在那份心软之外。选择不再关注你的动态，认为只要尽力在生活中避免谈及你、接触你，就能当你从来都没有出现过一般。

纵使曾经爱你爱到多么死心塌地，把自己压低到尘埃里，放到多么卑微的位置，只要她真正下定决心不再爱你，任何浪子回头、跪地软弱的痛哭哀求都只是徒然，因为她不会再让你有机会多伤害她一次。

女人不是对你绝情，而是对你绝望

你问她怎么有办法如此绝情，但那不会是突然发生的，过程中也不会毫无迹象。她会多次努力，试着让你去听到她的心声。确实，女性有个通病，就是不干脆说出内心想法，认为"讲了你才有反应，就不是你的真心"，但是当她开始失望了或察觉自己的心意产生动摇，出于在感情中的生存本能，她通常会下意识地先向你求救：好言以对但你不在意，泪眼汪汪也未获疼惜，怒气冲冲是因她太伤心……

她一再发出信号，却被一再忽视，到最后便是冻结这份感情，即无望的沉默——那已经再不是冷战的等级。冷战有时只是感情的中场休息。女人最深的沉默，是感情的终场结局。

也就是说，在她做出分手的决定之前，已经从一回回的失望过渡到伤心透顶，对你完完全全地绝望了。到了这个地步，唯一可以对你做的，就是将你从她的生活中完全抹去。只有让自己彻底死心，才能重新过回没有你的生活。

这便是女人的爱憎分明。

分手后怪她无情，不如珍惜眼前她的情

与其问一个女人在对一段感情死心后，可以做到多绝情，你更应该先明白：要令一个女人对一段感情死心，你得让她有多么绝望啊！那么，何不在她仍然爱你时，好好地珍惜眼前人？分手后才怪她何以无情，意义何在？

心理师的透视镜

所谓绝情，只是个人观感，并没有明确的标准。所谓女人绝情，只不过是她对男人失望而已。与其问一个女人在对一段感情死心后，可以做到多绝情，不如在她仍然爱你时，好好珍惜眼前人。